Tasty Food
食在好吃

U0311689

爱健康｜爱生活　凤凰含章
Phoenix-HanZhang

Tasty Food
食在好吃

一学就会的
拉花咖啡

都基成 主编

江苏凤凰科学技术出版社　凤凰含章

图书在版编目（CIP）数据

一学就会的拉花咖啡 / 都基成主编 . -- 南京 : 江苏凤凰科学技术出版社 , 2015.7
（食在好吃系列）
ISBN 978-7-5537-4248-9

Ⅰ . ①一… Ⅱ . ①都… Ⅲ . ①咖啡－配制 Ⅳ . ① TS273

中国版本图书馆 CIP 数据核字 (2015) 第 049096 号

一学就会的拉花咖啡

主　　　编	都基成	
责 任 编 辑	张远文	葛　昀
责 任 监 制	曹叶平	周雅婷

出 版 发 行	凤凰出版传媒股份有限公司 江苏凤凰科学技术出版社
出版社地址	南京市湖南路 1 号 A 楼，邮编：210009
出版社网址	http://www.pspress.cn
经　　　销	凤凰出版传媒股份有限公司
印　　　刷	北京旭丰源印刷技术有限公司

开　　　本	718mm×1000mm　1/16
印　　　张	10
插　　　页	4
字　　　数	250千字
版　　　次	2015年7月第1版
印　　　次	2015年7月第1次印刷

标 准 书 号	ISBN 978-7-5537-4248-9
定　　　价	29.80元

图书如有印装质量问题，可随时向我社出版科调换。

前言 Preface

　　数百年来，咖啡用一种最沉默的温柔，孕育出最浓郁的芳香，过滤出最典雅的气质，营造出最优雅的格调。咖啡的发展史就是一部瑰丽的文化史诗：土耳其大兵让咖啡传入欧洲；维也纳人把品尝咖啡变成哲学、文学和心理学；巴黎人将咖啡喝成一种浪漫；在德国人的眼中，喝咖啡则是一种思考的方式。在咖啡风靡全球的今天，咖啡已不单单是一种饮料，其深厚的文化与发展背景让其成为人类精神世界的一部分。从咖啡出现的第一天起，它就不断启发人类进行思考，其中，拉花咖啡所表现出的神奇而绚丽的技巧更是从一开始就得到了大众的瞩目。

　　拉花咖啡不仅仅是一杯美味的咖啡，更是一件漂亮的艺术品。对于喜爱咖啡的人来说，拉花咖啡意味着更高层次的味觉、视觉享受。想要制作出好看的拉花咖啡，除了需要上好的意式浓缩咖啡、绵密的奶泡之外，咖啡师的手感与技巧也是关键。

　　本书共分四章，分别以美丽风景、动物、创意、梦幻为题精选了212款咖啡拉花图案，其中包括春雨绵绵、俄罗斯风情、蒙古包、香榭丽大道、火凤凰、孔雀开屏、凤尾鱼、丹顶鹤、繁星点点、旋转风车、巧克力音符、启明星、心灵之窗、双生花、午后心情、七彩梦等极其流行、极具创意的咖啡拉花图案。几乎每一款拉花咖啡都配以相应的分步详解图，以及最详细的基础手法教学，带您从零起步，找到最快速的入门捷径。无论是喜爱拉花咖啡的普通读者，还是经营咖啡馆的朋友，都可以从本书中学到毫不私藏的，最新、最实用、最全面的拉花咖啡技巧，在制作拉花咖啡的乐趣中，探寻拉花咖啡造型百变的奥秘，轻松成为制作拉花咖啡的高手。此外，闲暇时间，您还可以亲自为朋友和家人制作一款爱心拉花咖啡，让您在浓浓的醇香中享受亲情、友情！

目录 Contents

PART 3
创意拉花咖啡

拉花的技巧

1. 拉花的基本手法

直接倒入成形法

直接倒入成形法指的就是，使用发泡后的牛奶在其还未产生牛奶与奶泡分离状态的时候，迅速将其直接倒入意式浓缩咖啡之中，等牛奶、奶泡与意式浓缩咖啡融合至一定的饱和状态后，运用手部的晃动控制技巧形成各式各样的图形。其形成的图形又分为两大类，第一类为各种心形与叶子形状线条的组合图形，第二类为动物、植物线条图形。直接倒入成形法是咖啡拉花技巧中最难的方式，同时也是技术性最高的方式。这种方式的难度在于必须注意各种细节，从意式浓缩咖啡的状态、牛奶发泡的方式与组织细致程度，到两者融合方式的技巧，再加上运用直接倒入成形法进行拉花时，图案成形的时间是十分短暂的，所以，还需要非常流畅而且有节奏的动作以及迅速精确的手部晃动控制技术。

模具裱花法

模具裱花法可以分为两种表现方式，一种是在牛奶发泡完成后，先静置 30 秒左右让牛奶跟奶泡产生一定程度的分离效果，然后利用汤匙先挡住部分奶泡，让下层的牛奶与意式浓缩咖啡先行融合，再让奶泡轻轻覆盖在咖啡上形成雪白的表面，最后利用各种裱花模具，放置在咖啡表面上方约 1 厘米处，撒出细致的巧克力粉或抹茶粉通过裱花模具的空隙，使咖啡的奶泡表面形成美丽的图案。第二种方式与第一种方式原理相同，不同之处在于这种方式是在咖啡上方撒粉创作各式图案，这就要求奶泡细密，倒入时不破坏咖啡表面，不要显出奶泡的白色，让奶泡与意式浓缩咖啡在液面下充分融合。模具裱花法可以配上简单的手绘图形法，能创造出更丰富、有趣的图案。

手绘图形法

手绘图形法就是在完成意式浓缩咖啡与牛奶、奶泡融合之后，利用融合时产生的白色圆点或不规则图形，使用竹签和其他适宜的物品，蘸取奶泡、巧克力酱等蘸料，在咖啡表面勾画出各种图形。其图形又大致分为两种，一种为规则的几何图形，如水纹花，使用奶泡和巧克力酱在完成融合的咖啡表面，先画出基本的线条，再利用温度计的尖端，勾画出规则的几何图形；另一种为具象图案，例如人像、猫、狗等人物和动物图形。在融合时轻轻晃动手腕，使咖啡表面形成图形，再以图形为底，利用适宜的针状物，蘸取意式浓缩咖啡或可可粉等蘸料，在咖啡表面勾画出各种图形。运用手绘图形法制作拉花咖啡比直接倒入成形法要简单，只要掌握图形的特点，便可以在家做出许多漂亮的手绘图形。

2. 两种基本图案的拉花方法

叶子的拉法

叶子形拉花咖啡的制作关键在于对牛奶泡流出时的控制,现将制作过程介绍如下。

⊙ 将意式浓缩咖啡盛出

冲煮意式浓缩咖啡,直接将意式浓缩咖啡盛接在所需要的杯子中。

⊙ 将拉花缸中的牛奶泡注入

将杯子稍倾斜,将拉花缸嘴对准咖啡的液面中心,徐徐倒入已打好的牛奶泡。当倒入的牛奶泡与意式浓缩咖啡已经充分融合至咖啡杯五分满时,咖啡表面会呈现浓稠状,这时候便是开始拉花的时机了。

⊙ 拉花

左右晃动拿着拉花缸的手腕,稳定地让拉花缸内的牛奶泡有节奏地匀速晃动流出。当晃动正确时,杯子中会开始呈现出白色的"之"字形牛奶泡痕迹,形成叶子的下半部分。

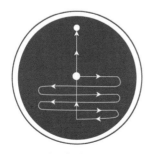

叶子拉花路线

⊙ 收牛奶泡

逐渐往箭头所指方向移动拉花缸,并且缩小晃动的幅度,形成叶子的上半部分,此时杯子逐渐放平。当叶子要到达杯子边缘后往回收杯,拉花缸嘴稍向上提,控制牛奶泡使其流出的量变少,顺势拉出一道细直线,画出杯中叶子的梗,使叶子图案成形。

心形的拉法

心形拉花咖啡的制作关键在于保持牛奶泡稳定地流出,现将制作过程介绍如下。

⊙ 将意式浓缩咖啡盛出

冲煮意式浓缩咖啡,直接将意式浓缩咖啡盛接在所需要的杯子中。

⊙ 将拉花缸中的牛奶泡注入

将杯子稍倾斜,匀速倒入打好的牛奶泡,拉高拉花缸与意式浓缩咖啡的距离,让意式浓缩咖啡与牛奶泡充分融合。将拉花缸放低,缸嘴对准液面的中心,直到出现白色的牛奶泡。

⊙ 拉花

保持拉花缸的位置,轻轻晃动拉花缸,稳定地让拉花缸内的牛奶泡匀速流出。当咖啡液面的牛奶泡部分慢慢变大时,按照箭头所指的方向小幅度移动,让液面的牛奶泡部分朝反方向推动。

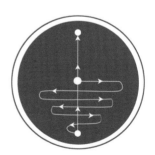

心形拉花路线

⊙ 收牛奶泡

当牛奶泡与意式浓缩咖啡融合至九分满时,慢慢放平咖啡杯,在靠近杯子的边缘定点注入牛奶泡,待白色部分形成对称的圆形后往反方向水平移动,画出杯中心形的对称轴,使图案成形。

3. 拉花的注意事项

拉花咖啡的制作过程中，每一个微小的细节都会对最后的成品产生影响。在反复的练习中熟悉各种因素的相互作用原理，是每个拉花咖啡制作者都必须注意的。

杯子的选择

杯子的形状跟拉花方式有很强的关联性。一般来说，根据杯身形状可将杯子分为两大类：一种是高杯，一种是矮杯。高杯的杯身较长，所以意式浓缩咖啡与牛奶泡融合的时间较长，力量也较大，但是牛奶泡的量不足时，在拉花时便会无法完成理想的图案。相对的，如果牛奶泡的量足，呈现出来的拉花咖啡不仅口感好，样式也很美观，对制作者的技巧也会有很大的促进作用。矮杯因为容量较少且深度较浅，所以拉花时的动作要十分迅速，在做简单图案时较为容易，但拉复杂的图案时则会较为困难，不过矮杯的拉花图案较容易呈现，适合初学者练习使用。

另外，杯底的形状也是影响拉花的重要因素。杯底的形状可以大致分为圆弧底和方形底两种。圆弧底的杯子的融合均匀度会较方形底的杯子好。这是因为方形底的杯底表面积较大，意式浓缩咖啡的高度会降低，所以在融合时较容易产生过度翻动的情况，破坏了咖啡表面的咖啡油脂，而且方底直角的形状也会使融合时翻滚方式不顺畅，融合也会产生不均匀的状况，以致喝起来的口感不均匀。

还有杯口直径和杯沿形状的不同也会成为影响拉花咖啡形态的因素。杯口的直径越大，做出来的拉花图案就会越大越明显，但是因为直径越大，表面积就越大，奶泡的厚度就会受到影响而降低。不过若杯口直径太小，会增加拉花的难度。杯沿形状若平直顺畅，与杯底呈垂直或有角度的敞口延伸状，就比较容易拉出规则的图案，意式浓缩咖啡表面的张力也会让咖啡拉花的图案保持优美完整的形态。

最后一点需要注意的是，在选择杯子时，要挑选保温效果较好的杯子，这样才能维持咖啡的温度。

咖啡与牛奶泡的融合

　　如果咖啡与牛奶泡融合较好，可以使整杯意式咖啡的味道与口感提升至更好的境界，也可以修整在制作意式浓缩咖啡和打发牛奶的过程中的小误差，且融合时的方式与技巧可以改变整杯咖啡的浓淡口感。最佳的融合方式，是整杯咖啡都是咖啡、牛奶、牛奶泡均匀地融合。要达到每种材料的高度融合，必须在制作过程中以定量的方式倒入牛奶与牛奶泡，使咖啡、牛奶与奶泡均匀地结合，可以在注入的过程中以持续上下移动来给予咖啡与牛奶、牛奶泡融合的冲击力量，用手肘的力量来控制牛奶和牛奶泡的比例。可使整杯咖啡呈现最好的口感。

　　在融合时，还有一个非常重要的因素，就是咖啡与牛奶泡融合时的速度和节奏。融合时的速度快慢会影响咖啡的浓淡口感，速度过快可能会使咖啡和牛奶泡的融合不够，速度过慢会使牛奶泡不易控制，使形成的图案变形。而节奏的控制，则会影响到一杯咖啡的整体表现和拉花图案的呈现。过于绵密的牛奶泡不易拉出细致的图形，所以有些人会选用比较稀的牛奶泡，让图案容易成形，增加拉花咖啡的成功率。这时如果不懂得融合的技巧和重要性，便有可能造成口感和均匀度上的问题，所以需要在拉花前的融合技巧上下功夫，让其充分融合的同时不破坏咖啡表面的状态。正确且专业的咖啡拉花所呈现的，应是一杯色香味俱全的精致咖啡。

PART 1

风景拉花咖啡

此部分涉及的拉花图案很广，包括古今中外的建筑、旅游胜地和一些自然清新的花草形态。从中不仅可以大饱眼福，而且还能通过大量的拉花实践来使你掌握更高技术的拉花技巧。

小仙桃

原料

意式浓缩咖啡 30 毫升，牛奶泡适量

做法

1. 将装有意式浓缩咖啡的咖啡杯稍微倾斜，注入牛奶泡。
2. 同时移动咖啡杯与拉花缸，使注入点转到咖啡杯另一边缘处。
3. 此时再慢慢地放平咖啡杯，让堆积的牛奶泡出现在液面中心。
4. 当牛奶泡的面积扩大时，开始微微摇晃拉花缸的缸嘴。
5. 将拉花缸缓缓拉回至原注点，等堆积的白点出现。
6. 迅速上翘拉花缸的缸嘴，使牛奶泡如细丝一般向前倾泻，桃子至此就完美呈现了。

可可树

原料

意式浓缩咖啡 30 毫升，牛奶泡适量

工具

竹签 1 支，咖啡勺 1 把

做法

1. 将牛奶泡徐徐注入装有意式浓缩咖啡的咖啡杯内。
2. 加快牛奶泡的注入速度至八分满。
3. 将咖啡杯放在桌面上，用咖啡勺从拉花缸中轻轻地舀出牛奶泡，铺在杯中。
4. 待液面平整，用竹签蘸取少许咖啡，画出可可树的形态和地平线。
5. 再轻轻地写上英文"coco"。
6. 最后用竹签滴上适量的咖啡画出太阳，风景就更加美丽动人了。

俄罗斯风情

原料

意式浓缩咖啡 30 毫升，牛奶泡、巧克力酱各适量

工具

温度计 1 支

做法

1. 取浓缩咖啡 30 毫升，牛奶泡适量。
2. 拉花缸紧贴咖啡杯边缘，注入牛奶泡，注入点逐渐向中心移动。
3. 注入牛奶泡至九分满状态。
4. 用巧克力酱在中心画出圆圈，再画出流畅的曲线。
5. 用温度计划过巧克力酱线条。
6. 颇具异域风情的建筑模型就被勾画出来了。

咖啡物语

　　这款咖啡在勾画曲线时，粗线条更能体现出韵味。

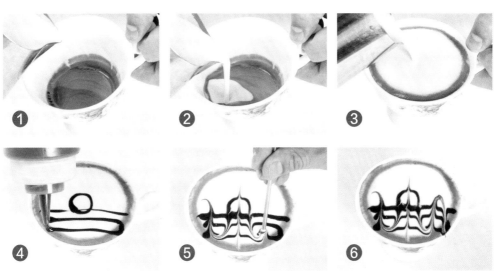

小脚丫

原料
意式浓缩咖啡 30 毫升，牛奶泡、巧克力粉各适量

工具
撒粉器 1 个，裱花模具（脚丫形）1 个

做法
1. 将装有意式浓缩咖啡的咖啡杯微倾，拉花缸距离咖啡杯 10 厘米左右，注入牛奶泡。
2. 拉花缸慢慢移至咖啡杯边缘，注入牛奶泡。
3. 继续注入牛奶泡。
4. 注入牛奶泡至杯满。
5. 取脚丫形模具放在咖啡杯上方，撒巧克力粉，形成一个脚丫图案。
6. 将模具移到另一侧，撒巧克力粉，形成另一个脚丫图案即可。

山水画

原料
意式浓缩咖啡 30 毫升，牛奶泡适量

工具
竹签 1 支，咖啡勺 1 把

做法
1. 将牛奶泡徐徐注入装有意式浓缩咖啡的咖啡杯内。
2. 保持动作不变，至五分满。
3. 当牛奶泡浮现出来时，迅速放缓牛奶泡的注入速度。
4. 将咖啡杯放置于桌上，用咖啡勺舀出牛奶泡，铺平液面。
5. 用竹签蘸取咖啡，画上连绵的山峰。
6. 再用河流、太阳、归鸿加以衬托，一幅寓意高远的画面就展现在咖啡杯中了。

雪花飞舞

原料
意式浓缩咖啡 30 毫升，牛奶泡适量

工具
竹签 1 支

做法

1. 取浓缩咖啡 30 毫升，牛奶泡适量。
2. 拉花缸贴近咖啡杯边缘，左右晃动注入牛奶泡。
3. 缸嘴缓缓前移，使牛奶泡呈现心形；在心形尾巴处，继续注入牛奶泡。
4. 小幅度晃动拉花缸，形成波纹；缸嘴前移至杯子边缘，迅速收住。
5. 用竹签蘸取少许牛奶泡，点于咖啡液上即可。
6. 雪花飞舞，让热咖啡也透着凉爽的味道。

咖啡物语

　　将叶片与心形融合制作出的拉花咖啡，难度稍高，可多练习几次。

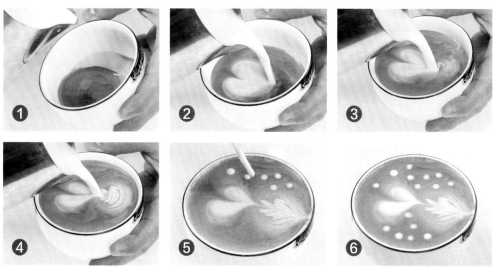

小樱桃

原料

意式浓缩咖啡 30 毫升，牛奶泡、草莓果露各
适量

工具

竹签 1 支，咖啡勺 1 把

做法

1. 将牛奶泡徐徐注入装有意式浓缩咖啡的咖
   啡杯内。
2. 上下移动拉花缸，使牛奶泡与意式浓缩咖
   啡融合均匀。
3. 将牛奶泡的注入点移到杯子边缘，使杯子
   的边缘出现连续的环形圈。
4. 用咖啡勺舀出牛奶泡，滴在杯中。
5. 用竹签仔细地修整出樱桃的形状。
6. 最后用竹签蘸取适量的草莓果露为樱桃上
   色，就完成这款拉花咖啡了。

葫芦

原料

意式浓缩咖啡 30 毫升，牛奶泡适量

工具

竹签 1 支，咖啡勺 1 把

做法

1. 将牛奶泡匀速地注入装有意式浓缩咖啡的
   咖啡杯中心。
2. 加大牛奶泡流量，继续注入。
3. 牛奶泡着重倾注在咖啡杯的中央，至杯九
   分满。
4. 用咖啡勺把牛奶泡滴在液面上。
5. 取竹签蘸取咖啡，画出葫芦蒂。
6. 沿着葫芦蒂继续画出小葫芦藤，就出现葫
   芦图案了。

心花怒放

原料

意式浓缩咖啡 60 毫升，牛奶泡、巧克力酱各适量

工具

温度计 1 支

做法

1. 将装有意式浓缩咖啡的咖啡杯微倾，拉花缸贴近咖啡杯，注入牛奶泡。
2. 保持注入速度，将咖啡杯缓缓放平，缸嘴下压，牛奶泡流量加大。
3. 牛奶泡注入至九分满时，开始晃动拉花缸，使牛奶泡在意式浓缩咖啡的表面呈现波浪形。
4. 用巧克力酱淋出弧线。
5. 用温度计在巧克力酱上画出回纹状图案。
6. 再用温度计轻轻划过波浪形图案，就完成整幅心花怒放的图案了。

咖啡物语

如果想要植物的叶片更丰富，在拉花时，可减少牛奶泡的注入量。

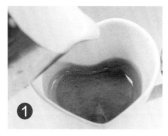

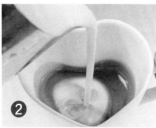

太阳神

原料

意式浓缩咖啡 30 毫升，牛奶泡适量

工具

竹签 1 支

做法

1. 将装有意式浓缩咖啡的咖啡杯持正，轻轻晃动拉花缸。
2. 从中心点注入牛奶泡，上下拉动拉花缸，使牛奶泡与意式浓缩咖啡融合。
3. 待液面中心出现白点，慢慢放低拉花缸。
4. 将咖啡杯放置于桌上，待中心冒出牛奶泡圈，再用竹签将圈分成四份。
5. 最后在圈的边界上，勾出花边。
6. 这样就完成这款拉花咖啡了。

咖 啡 物 语

　　此款咖啡的牛奶泡可以制作得略微厚重一些，这样更有艺术感。

雨后的蘑菇

原料

意式浓缩咖啡 60 毫升，牛奶泡、巧克力粉各适量

工具

撒粉器 1 个，裱花模具（蘑菇形）1 个

做法

1. 将装有意式浓缩咖啡的咖啡杯微微倾斜，徐徐注入牛奶泡。
2. 慢慢提升拉花缸，至白点扩大。
3. 持续注入牛奶泡至五分满。
4. 降低拉花缸，往回拉出白线至液面呈白色。
5. 将模具盖在杯上，再取撒粉器放在模具上方处，轻轻拍打巧克力粉至图像完全形成。
6. 这样就完成这款拉花咖啡的制作了。

樱花

原料

意式浓缩咖啡 60 毫升，草莓果露、牛奶泡各适量

工具

咖啡勺 1 把，竹签 1 支

做法

1. 将装有意式浓缩咖啡的咖啡杯稍微倾斜，牛奶泡匀速注入其中；在原注点继续注入。
2. 加大牛奶泡的注入量，咖啡杯慢慢持平。
3. 至咖啡杯八分满液面有牛奶泡堆积的痕迹。
4. 用咖啡勺将牛奶泡盛在液面上至杯满。
5. 取竹签蘸取咖啡，在牛奶泡上画出树干和树枝。
6. 竹签蘸取草莓果露，在右侧的树枝上点上小点。
7. 继续在其他的树枝上点上小点，就形成樱花图案了。

香草小屋

原料
意式浓缩咖啡 30 毫升，牛奶泡适量

工具
竹签 1 支

做法
1. 从装有意式浓缩咖啡的咖啡杯的中心点缓缓注入牛奶泡。
2. 拉花缸轻轻晃动，沿逆时针的方向匀速注入牛奶泡。
3. 保持注入牛奶泡的速度和高度。
4. 用竹签蘸取牛奶泡在液体表面画出一个房子。
5. 在房前画出小草和花朵。
6. 再给房子画上两扇门，香草小屋就出现了。

咖啡物语
　　制作此款拉花咖啡，可尽情发挥想象力，创造出自己的特色。

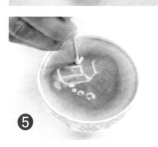

荷兰风车

原料

意式浓缩咖啡 30 毫升，牛奶泡适量

工具

竹签 1 支

做法

1. 将装有意式浓缩咖啡的咖啡杯微微倾斜，拉花缸距离咖啡杯约 20 厘米，注入牛奶泡。
2. 咖啡杯慢慢放平，拉花缸下移，逐渐贴近咖啡杯边缘，加大力度注入牛奶泡至杯满。
3. 用竹签蘸取牛奶泡，绘制风车轮廓。
4. 绘制出完整的风车形状。
5. 用牛奶泡勾勒小圆圈，点缀风车。
6. 简单描绘远处的风车轮廓。
7. 勾勒线条以丰富图案。
8. 最后在咖啡液右下角简单勾勒出风车图案即可。

香榭丽舍大道

原料

意式浓缩咖啡 30 毫升，牛奶泡适量

工具

竹签 1 支

做法

1. 将装有意式浓缩咖啡的咖啡杯倾斜约 15 度，拉花缸和咖啡杯距离 15~20 厘米，在咖啡中心点匀速地注入牛奶泡。
2. 保持注入动作和注入点，持续注入牛奶泡。
3. 慢慢放平咖啡杯，注入点由中心移至边缘，力度减弱。
4. 咖啡杯放平，拉花缸接触咖啡杯边缘，注入牛奶泡至杯满。
5. 用竹签蘸取牛奶泡开始绘制图案。
6. 绘出路的形状。
7. 用牛奶泡点出树的形态。
8. 绘制完成后稍加修饰即可。

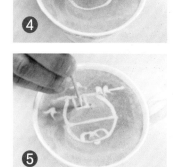

蒙古包

原料

意式浓缩咖啡 30 毫升，牛奶泡适量

工具

竹签 1 支

做法

1. 从 10 厘米的高度匀速地注入牛奶泡至装有意式浓缩咖啡的咖啡杯中。
2. 继续在原注点注入牛奶泡，拉花缸开始沿逆时针方向绕圈。
3. 保持同样的动作与高度继续注入牛奶泡，缸嘴上翘。
4. 取竹签蘸取牛奶泡，开始画出蒙古包的轮廓，沿着轮廓底部画出草坪、鹰和包顶。
5. 用竹签再次蘸取牛奶泡画出包门。
6. 最后，画上门帘就形成图案了。

咖啡物语

　　这款拉花咖啡制作简单，适合初学者练习。

巴黎春天

原料

意式浓缩咖啡 30 毫升，牛奶泡适量

工具

竹签 1 支

做法

1. 拉花缸贴近装有意式浓缩咖啡的咖啡杯，从咖啡杯的中心点匀速注入牛奶泡。
2. 继续在原注点注入牛奶泡。
3. 保持注入的动作和速度，待牛奶泡和意式浓缩咖啡融合至九分满时迅速收掉牛奶泡。
4. 将咖啡杯放在台上。
5. 取竹签蘸取牛奶泡定好位置。
6. 用竹签勾勒出水波的样子。
7. 再用竹签画出远方的小山。
8. 最后，画出太阳，就形成完整的图案了。

老爷车

原料

意式浓缩咖啡 30 毫升，牛奶泡适量

工具

竹签 1 支

做法

1. 将装有意式浓缩咖啡的咖啡杯与拉花缸距离约 5 厘米，拉花缸顺时针晃动，缓缓注入牛奶泡至咖啡杯中。
2. 抬高拉花缸，一直匀速注入牛奶泡至咖啡杯七分满。
3. 取竹签蘸取牛奶泡，在液体表面画出车底。
4. 竹签再蘸取牛奶泡，继续画出车身。
5. 竹签再蘸取牛奶泡，画出车轮。
6. 竹签再蘸取牛奶泡，画出第一个车窗。
7. 再画上第二、第三个车窗。
8. 最后，画上宽宽的马路，图案就形成了。

伦敦烟雨

原料
意式浓缩咖啡 30 毫升，牛奶泡适量

工具
竹签 1 支，咖啡勺 1 把

做法

1. 将装有意式浓缩咖啡的咖啡杯微微倾斜，取拉花缸旋转注入牛奶泡。
2. 将牛奶泡的注入速度稍稍加快，同时将咖啡杯向水平方向缓缓移动。
3. 保持注入动作和注入点，同时放平咖啡杯，继续注入牛奶泡至杯满。
4. 用咖啡勺在拉花缸中取牛奶泡，点于咖啡上。
5. 用竹签蘸取牛奶泡再点上小气球。
6. 用竹签点少量牛奶泡于咖啡上，形成水滴状图案。

咖啡物语

品尝这杯咖啡，会不会有漫步烟雨伦敦的心境？

热气球

原料
意式浓缩咖啡 30 毫升，牛奶泡适量

工具
竹签 1 支

做法
1. 将装有意式浓缩咖啡的咖啡杯稍稍倾斜，徐徐倒入牛奶泡。
2. 上下移动拉花缸，使牛奶泡下沉至杯底。
3. 保持牛奶泡的注入速度，慢慢放低拉花缸，同时轻轻地扶正咖啡杯。
4. 将咖啡杯放在桌上。
5. 竹签蘸取牛奶泡画出第一个小的热气球。
6. 在左下角画出第二个热气球。
7. 再勾出第三个热气球的轮廓，并在其上画上花纹。
8. 最后加以少许云彩衬托，热气球就可以自由翱翔了。

圣诞树

原料
意式浓缩咖啡 60 毫升，巧克力酱、牛奶泡各适量

工具
咖啡勺 1 把，竹签 1 支

做法
1. 拉花缸贴近装有意式浓缩咖啡的咖啡杯，匀速将牛奶泡注入咖啡杯中。
2. 慢慢抬高拉花缸，继续注入牛奶泡。
3. 再抬高拉花缸，不改变原注点继续注入。
4. 杯满时，迅速收起牛奶泡。
5. 用咖啡勺把牛奶泡舀在液面上。
6. 继续舀出牛奶泡，形成圣诞树的基本轮廓。
7. 用巧克力酱沿圣诞树的轮廓勾画边缘。
8. 竹签蘸取牛奶泡，沿着圣诞树边缘点上装饰，图案就形成了。

向日葵

原料

意式浓缩咖啡 30 毫升，牛奶泡适量

工具

竹签 1 支

做法

1. 将装有意式浓缩咖啡的咖啡杯倾斜约 15 度，保持匀速注入牛奶泡，至五分满。
2. 拉花缸前移，至牛奶泡堆积的椭圆变大。
3. 此时要迅速持正拉花缸的缸嘴，并慢慢放平咖啡杯。
4. 待牛奶泡稍晕开，出现细纹，用竹签蘸取咖啡，画出一个圆圈。
5. 在圆圈周围轻轻画上波浪形细线，再在圆圈内部拉出斜线段。
6. 在圆圈底部画出两条平行的粗线。
7. 在粗线的两边分别圈出椭圆形的大叶子。
8. 向日葵的微笑就这样绽放出来了。

雪国

原料

意式浓缩咖啡 30 毫升，牛奶泡、巧克力粉各适量

工具

竹签 1 支

做法

1. 将巧克力粉倒入装有意式浓缩咖啡的咖啡杯中。
2. 在咖啡杯中心处注入牛奶泡，此时出现堆积的牛奶泡痕迹。
3. 改变注入点到液面边缘处。
4. 将拉花缸放低，缓缓注入牛奶泡至杯满。
5. 将咖啡杯放在桌上，用竹签流畅地勾出雪人和小屋的轮廓。
6. 蘸上少许咖啡，在小屋旁轻轻地画上树。
7. 最后用竹签轻轻地点上雪人衣服的纽扣。
8. 就这样，雪国的景象就浮现在你眼前了。

圣保罗

原料
意式浓缩咖啡 30 毫升，牛奶泡适量

工具
竹签 1 支

做法

1. 将装有意式浓缩咖啡的咖啡杯微微倾斜，拉花缸距离咖啡杯 10 厘米左右，旋转注入牛奶泡。
2. 慢慢放平咖啡杯，注入牛奶泡至杯满。
3. 用竹签蘸牛奶泡，开始勾勒图案。
4. 绘制线条图案，形成城堡的轮廓。
5. 绘制点状图案，点缀城堡。
6. 用竹签勾勒云朵，画出飞翔的海鸥图案即可。

咖啡物语

　　手绘咖啡图案，制作简单，而且可以变化无穷。

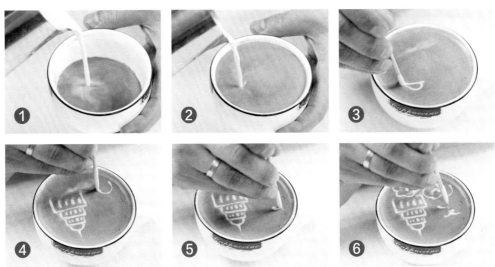

圣彼得堡

原料

意式浓缩咖啡 30 毫升，牛奶泡适量

工具

竹签 1 支

做法

1. 将装有意式浓缩咖啡的咖啡杯微微倾斜，拉花缸距离咖啡杯上方 10 厘米左右，注入牛奶泡。
2. 拉花缸缓缓上提，注入速度不变，缸嘴下压，移至咖啡中心点注入牛奶泡。
3. 用竹签蘸取牛奶泡，画出城堡顶部的形态。
4. 勾勒城堡的图案。
5. 画出城堡的完整形态。
6. 多蘸取一点牛奶泡，勾勒粗线条，城堡图案就勾勒完成了。

咖啡物语

咖啡豆的最佳利用期为炒后一周。

风雨彩虹

原料

意式浓缩咖啡 30 毫升，牛奶泡、巧克力粉各适量

工具

竹签 1 支，咖啡勺 1 把

做法

1. 将拉花缸置于距装有意式浓缩咖啡的咖啡杯 15 厘米的高度，慢慢压低缸嘴至牛奶泡流出。
2. 再次压低缸嘴注入牛奶泡至杯满，使牛奶泡上慢慢浮上一层淡淡的咖啡油脂。
3. 用咖啡勺舀出牛奶泡，滴在液面上。
4. 用竹签轻轻拨动牛奶泡，使其散开。
5. 再在牛奶泡边缘勾勒云朵的轮廓。
6. 画上卡通版的太阳公公。
7. 最后轻轻描上打呼噜的图案。
8. 这款拉花咖啡便完成了。

竹林

原料

意式浓缩咖啡 30 毫升，牛奶泡适量

工具

竹签 1 支

做法

1. 将装有意式浓缩咖啡的咖啡杯微微倾斜，拉花缸和咖啡杯距 10 厘米左右的高度，在咖啡中心点匀速注入牛奶泡。
2. 拉花缸缓缓上提，注入牛奶泡，注入点沿顺时针方向移动。
3. 保持力度，匀速注入牛奶泡。
4. 缸嘴慢慢上翘，牛奶泡的注入量变少。
5. 注入至杯满时，收住即可。
6. 用竹签蘸取牛奶泡开始描绘图案。
7. 画出竹节的形状，再画出伸展的竹叶。
8. 简笔描绘的竹林便显现出来了。

小盆栽

原料
意式浓缩咖啡 30 毫升，牛奶泡适量

工具
竹签 1 支

做法
1. 将牛奶泡徐徐注入装有意式浓缩咖啡的咖啡杯内。
2. 拉花缸朝右手边方向拉至液面边缘。
3. 稍稍下沉拉花缸的缸嘴，使牛奶泡的浮现面积扩大。
4. 将缸嘴上翘，快速向前收住牛奶泡的注入。
5. 用竹签画上花盆，再用牛奶泡修出花盆的底座。
6. 再在花盆上画出枝干和叶子，小盆栽图案成形了。

咖啡物语
惬意的风景与美味的咖啡同在，静心去品尝吧!

枫叶韵律

原料

意式浓缩咖啡 60 毫升，牛奶泡、抹茶粉、巧克力酱各适量

工具

撒粉器 1 个，裱花模具（枫叶形）1 个，竹签 1 支

做法

1. 将装有意式浓缩咖啡的咖啡杯平放在桌上，缓缓注入牛奶泡。
2. 咖啡液面出现白点时，加大牛奶泡的注入量，使牛奶泡占满杯口。
3. 模具罩在咖啡杯上，均匀地撒上抹茶粉。
4. 待枫叶形状出现，用巧克力酱在叶茎下方画出弧线。
5. 用竹签轻轻地在巧克力酱上画出回纹状。
6. 有着朦胧秋意的加拿大枫叶就出现在你的眼前了。

心花飞舞

原料

意式浓缩咖啡 30 毫升，牛奶泡适量

工具

竹签 1 支

做法

1. 将牛奶泡倒入装有意式浓缩咖啡的咖啡杯中至四分满。
2. 增加牛奶泡的注入量，至牛奶泡痕迹出现。
3. 缓缓减慢牛奶泡的注入速度，使牛奶泡在底下散开，成花苞状。
4. 另选注入点注入牛奶泡。
5. 紧接着要左右小幅度地甩动拉花缸，使牛奶泡呈现出含羞草的叶片状。
6. 最后轻轻地点上几点星光，此时就需要用心去随着这种意境飞舞了。

教堂

原料
意式浓缩咖啡 30 毫升，牛奶泡适量

工具
竹签1支

做法
1. 将装有意式浓缩咖啡的咖啡杯倾斜约15度，拉花缸距离咖啡杯15~20厘米的高度，匀速注入牛奶泡。
2. 缓慢放平咖啡杯，拉花缸逐渐下移，贴近咖啡杯边缘，继续注入牛奶泡。
3. 咖啡杯放平，拉花缸接触咖啡杯边缘，注入牛奶泡至杯满。
4. 用竹签蘸取牛奶泡绘制教堂轮廓。
5. 点取两滴牛奶泡于咖啡液上。
6. 将牛奶泡由中间向四周推开。
7. 蘸取牛奶泡勾勒教堂底部线条。
8. 完整的教堂图案勾勒完成即可。

下雪的季节

原料
意式浓缩咖啡 30 毫升，牛奶泡适量

工具
竹签1支

做法
1. 在装有意式浓缩咖啡的咖啡杯中缓缓注入牛奶泡。
2. 慢慢拉高拉花缸，注入牛奶泡至五分满。
3. 移动注入点到杯的中心处，减缓牛奶泡的注入速度，杯子满后将其慢慢放置在桌上。
4. 用竹签蘸取牛奶泡，勾出咖啡杯的轮廓。
5. 再滴上几滴牛奶泡，向内描绘出第一朵六瓣雪花的特写。
6. 再在液面左上角画上第二朵六瓣雪花。
7. 在右下角画出一道波浪纹。
8. 点上几朵小的雪花，缤纷绚烂的咖啡世界就出现了。

浪漫星空

原料
意式浓缩咖啡 30 毫升，牛奶泡适量

工具
竹签 1 支

做法
1. 将装有意式浓缩咖啡的咖啡杯倾斜 15 度，从咖啡杯的中心点注入牛奶泡。
2. 将拉花缸向后拉动至杯边缘处。
3. 再向前迅速移动拉花缸，加大牛奶泡的注入量。
4. 此时液面出现牛奶泡涌出现象，再大幅度地左右甩动拉花缸，使牛奶泡散开。
5. 将拉花缸缓缓地向后移动，并减小幅度甩动，形成叶片。
6. 最后用竹签点上漫天闪闪的星星，无尽的浪漫就等着你去享受了。

咖啡物语
　　找个浪漫的地方来享受这款咖啡，更能体悟咖啡的魅力。

草莓

原料
意式浓缩咖啡 30 毫升，牛奶泡适量

工具
竹签 1 支

做法

1. 将拉花缸倾斜放置在咖啡杯中心点上，从咖啡杯中心点匀速注入牛奶泡。
2. 降低拉花缸的高度，加大注入流量至咖啡杯中浮现出牛奶泡圆点。
3. 继续注入牛奶泡，与咖啡融合至八分满。
4. 用竹签蘸取咖啡，画出一片叶子，继续画上另一片叶子。
5. 竹签再次蘸取咖啡，点出小圆点。
6. 用不同的力度迅速地点出圆点，草莓图案就制作完成了。

咖 啡 物 语

当咖啡液面呈浓稠状时，是拉花的最好时机。

愿望树

原料
意式浓缩咖啡 30 毫升，牛奶泡适量

工具
竹签 1 支

做法
1. 将拉花缸缸嘴靠近意式浓缩咖啡液体边缘，逆时针缓慢注入牛奶泡至牛奶泡痕迹出现。
2. 继续注入牛奶泡，咖啡杯保持倾斜 15 度。
3. 降低拉花缸的高度，继续逆时针方向注入牛奶泡。
4. 拉花缸上下晃动，至九分满放平咖啡杯。
5. 取竹签，从牛奶泡的边缘开始画树干。
6. 继续画完树干。
7. 用竹签蘸取咖啡，在牛奶泡的边缘勾出树的形状。
8. 画出树枝，愿望树图案就形成了。

加勒比海

原料
意式浓缩咖啡 30 毫升，牛奶泡适量

工具
竹签 1 支

做法
1. 将拉花缸贴近装有意式浓缩咖啡的咖啡杯杯缘，注入牛奶泡。
2. 慢慢拉高拉花缸的高度，持续匀速地注入牛奶泡。
3. 保持注入点及注入力度，注入牛奶泡。
4. 注入牛奶泡至杯满。
5. 用竹签蘸取牛奶泡，在咖啡液中心开始绘制此图案。
6. 绘制船的轮廓。
7. 画出完整的船的轮廓。
8. 用牛奶泡稍加修饰即可。

苹果树

原料

意式浓缩咖啡 30 毫升，牛奶泡、草莓果露各适量

工具

竹签 1 支，咖啡勺 1 把

做法

1. 将装有意式浓缩咖啡的咖啡杯微微倾斜，徐徐注入牛奶泡。
2. 小幅度地晃动拉花缸，使中心出现白点，持续注入牛奶泡至五分满。
3. 加大牛奶泡的注入量，使牛奶泡上浮形成苹果树的树冠。
4. 用咖啡勺舀出牛奶泡，画出树干。
5. 用竹签蘸取适量的草莓果露点出果实，再用竹签改蘸咖啡画出树枝。
6. 用咖啡勺舀出少许牛奶泡，滴在苹果树的两旁，最后用竹签往下轻轻一画，苹果树就出现了。

咖啡物语

若改用苹果果露拉出树枝，图画就更为形象了。

睡莲

原料
意式浓缩咖啡 30 毫升，牛奶泡适量

工具
咖啡勺 1 把，竹签 1 支

做法
1. 将装有意式浓缩咖啡的咖啡杯稍稍倾斜，倒入牛奶泡。
2. 将注入点转到液面的左侧并加大牛奶泡的注入量。
3. 这时开始左右晃动拉花缸，并向后拉出荷花绽放开来的形状。
4. 将拉花缸迅速地拉回来。
5. 在荷花的左侧补上纹理。
6. 用竹签分出荷苞与荷花的界限。
7. 再用咖啡勺舀出牛奶泡淋在画面的左下方。
8. 最后用竹签在滴入的牛奶泡上细细地描出荷叶，睡莲的形态就更加引人入胜了。

醉翁亭

原料
意式浓缩咖啡 30 毫升，牛奶泡适量

工具
竹签 1 支

做法
1. 将装有意式浓缩咖啡的咖啡杯微微倾斜，缓缓倒入牛奶泡。
2. 待牛奶泡将咖啡挤出液面中心时，放缓牛奶泡的注入速度。
3. 动作保持不变，至杯满。
4. 用竹签蘸取少许咖啡，画出亭盖。
5. 再画出台阶。
6. 再补上绵绵的青草。
7. 点上醉翁。
8. 最后勾出大雁，醉翁之意就在这杯咖啡里面了。

珊瑚枝

原料
意式浓缩咖啡 30 毫升，牛奶泡适量

工具
竹签 1 支

做法
1. 将牛奶泡倒入装有意式浓缩咖啡的咖啡杯中，至堆积的牛奶泡形成圆圈。
2. 持续地注入牛奶泡至杯满。
3. 用竹签蘸上咖啡，勾勒摆动的珊瑚枝干。
4. 再拉出珊瑚的叶片。
5. 在牛奶泡圈的边缘处勾出一圈花纹。
6. 在珊瑚枝的下方点画出山谷的弧度。
7. 最后画上慢慢悠悠游动的小鱼。
8. 这样就画出了摇曳多姿的海底珊瑚枝。

清芬的穗花

原料
意式浓缩咖啡 30 毫升，牛奶泡适量

工具
竹签 1 支

做法
1. 将装有意式浓缩咖啡的咖啡杯微微倾斜，选择杯的左侧作为注入点，将牛奶泡缓缓注入咖啡杯。
2. 加快牛奶泡的流动量使牛奶泡涌现出来。
3. 此时轻微晃动拉花缸，使牛奶泡沿着杯壁形成半圆的穗花形态。
4. 在杯的右侧重新注入牛奶泡至八分满。
5. 再次晃动拉花缸并将拉花缸渐渐向后移动，并慢慢持正咖啡杯，拉花缸缸嘴移动到杯的边缘处即可完成牛奶泡的注入。
6. 用竹签在左侧的纹路中间拉出茎线，清香四溢的穗子就绽放出花朵了。

清凉一夏

原料
意式浓缩咖啡 30 毫升，牛奶泡适量

工具
竹签 1 支

做法
1. 将装有意式浓缩咖啡的咖啡杯稍倾斜，缓缓注入牛奶泡。
2. 拉高拉花缸，增大牛奶泡在液面边缘处的注入量，保持注入点不变至杯满。
3. 用竹签蘸取少许牛奶泡，画上一棵椰子树。
4. 再在旁边画出另一棵椰子树的叶片，勾出枝干。
5. 最后轻轻拉出波浪及小岛屿。
6. 在咖啡上迎着海风摇摆的椰子树就完成了。

咖啡物语
　　此款咖啡若选用适量的巧克力酱作为装饰会更完美。

春雨绵绵

原料
意式浓缩咖啡 30 毫升，牛奶泡适量

工具
竹签 1 支

做法
1. 将牛奶泡徐徐注入装有意式浓缩咖啡的咖啡杯内。
2. 左右晃动拉花缸，直至五分满。
3. 移动注入点，集中地在液面中心注入牛奶泡，至杯满。
4. 待牛奶泡上涌，用竹签拉出云朵的层次并点上雨滴。
5. 细致地修饰云朵的外形。
6. 这样就完成这款拉花咖啡的制作了。

咖 啡 物 语

　　品尝时最好不要加糖，否则会影响这款咖啡的香醇度。

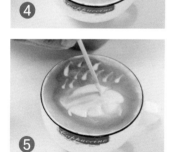

PART 2

动物拉花咖啡

　　兴趣是最好的老师。绘有各种动物图案的拉花咖啡可以拉近你与动物的距离，通过其中变化，你可以去仔细捕捉动物的形态、动作和表情，享受与咖啡交流的乐趣。

蝙蝠侠

原料

意式浓缩咖啡 30 毫升，牛奶泡适量

工具

竹签 1 支，咖啡勺 1 把，温度计 1 支

做法

1. 将牛奶泡从装有意式浓缩咖啡的咖啡杯的右侧注入，拉花缸拉到液面左侧。
2. 抬高拉花缸，注入牛奶泡至七分满。
3. 放低拉花缸，持续倒入牛奶泡至九分满后停止注入牛奶泡。
4. 将咖啡杯放在桌上，用咖啡勺从拉花缸中舀出牛奶泡淋在液面上，并轻轻拨动牛奶泡使之呈现出蝙蝠的形态。
5. 用温度计在蝙蝠的翅膀上拉出脊骨状的线条，再用蘸了咖啡的竹签点上装饰。
6. 用竹签蘸取适量的咖啡，画出蝙蝠的眼睛和嘴巴即可。

咖 啡 物 语

　　拉花缸要保持一定高度，不可让牛奶泡涌出使液面过白。

火凤凰

原料

意式浓缩咖啡 30 毫升，牛奶泡适量

工具

竹签 1 支

做法

1. 将装有意式浓缩咖啡的咖啡杯倾斜 15 度，轻轻摇动拉花缸。
2. 将牛奶泡从液面的右侧缓缓注入。
3. 加大牛奶泡的注入量至六分满。
4. 向后慢慢拉回拉花缸并左右晃动缸嘴。
5. 迅速向前推进拉花缸，使各个纹理连成整体的线条。
6. 改变牛奶泡的注入点。
7. 沿着咖啡杯的杯壁晃动缸嘴以拉出弧形的羽翼。
8. 最后用竹签拉出鸟嘴，点出眼睛即可。

和平之鸽

原料

意式浓缩咖啡 30 毫升，牛奶泡适量

工具

竹签 1 支

做法

1. 将牛奶泡从装有意式浓缩咖啡的咖啡杯的中心点徐徐注入。
2. 稍稍下沉拉花缸的缸嘴，加大牛奶泡的注入量。
3. 向后慢慢拉动拉花缸，使咖啡变成外环围住牛奶泡。
4. 保持注入点，然后放慢牛奶泡的注入速度至杯满。
5. 用竹签蘸取咖啡，在牛奶泡上画出一枝花。
6. 再画出鸽子的头和羽翼。
7. 最后勾出尾巴。
8. 这款拉花咖啡就制作完成了。

瓢虫

原料

意式浓缩咖啡 30 毫升，牛奶泡适量

工具

竹签、温度计各 1 支

做法

1. 将装有意式浓缩咖啡的咖啡杯稍倾斜，牛奶泡徐徐注入咖啡杯中。

2. 继续注入牛奶泡并微微晃动。

3. 液体融合至八分满时，拉花缸向后放低，在中心点倒出圆形。

4. 取温度计蘸取咖啡，画出瓢虫的头部。

5. 再用温度计划过牛奶泡。

6. 在瓢虫壳上画出圆圈。

7. 再用竹签勾出瓢虫的脚。

8. 最后，再勾出瓢虫的触角，瓢虫的图案就形成了。

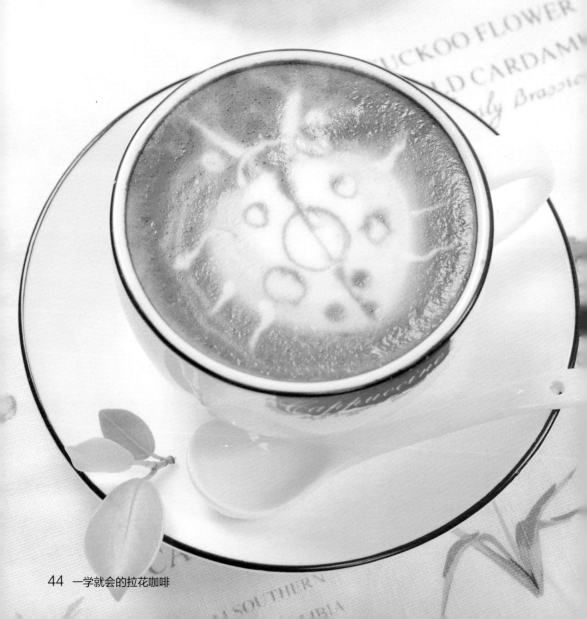

凤凰鸟

原料

意式浓缩咖啡 60 毫升，牛奶泡适量

做法

1. 拉花缸贴着装有意式浓缩咖啡的咖啡杯边缘，注入牛奶泡。
2. 缸嘴下压，持续注入，并逐渐增大牛奶泡的流量。
3. 左右晃动缸嘴，使注入的牛奶泡形状越来越细。
4. 注入牛奶泡至九分满时，改变牛奶泡的注入方向。
5. 用牛奶泡绘出完整的凤凰尾翎。
6. 注入至满杯时，缸嘴画弧线收尾，凤凰便惟妙惟肖地显现出来了。

咖啡物语

如果想制作一个更为简单的鸟类，可以在拉花的时候先拉出圆形，然后在头部地方弯曲拉长，稍加修饰就可以了。

金鸡破晓

原料

意式浓缩咖啡 30 毫升，牛奶泡适量

工具

竹签 1 支

做法

1. 将牛奶泡徐徐倒入装有意式浓缩咖啡的咖啡杯中。
2. 在咖啡杯的中心地带来回移动拉花缸的缸嘴。
3. 待液面中间出现牛奶泡，慢慢向后拉动缸嘴，至七分满时，迅速将拉花缸向前推移，使牛奶泡分成对称的图案。
4. 用竹签在牛奶泡的一侧勾出鸡的翅膀。
5. 在另一侧拉出鸡头。
6. 再拉出鸡嘴，最后用少许咖啡细致地修饰即可。

咖啡物语

此款咖啡可以使初学者掌握缸嘴的圆弧形移动的技法。

孔雀开屏

原料

意式浓缩咖啡 30 毫升，牛奶泡适量

工具

竹签 1 支

做法

1. 将装有意式浓缩咖啡的咖啡杯倾斜，牛奶泡从咖啡杯的边缘注入，慢慢加大流量。
2. 当液面上出现白点时，缸嘴稍稍左右摆动，流量不变。
3. 快满杯时，流量变小，缸嘴向前冲注，直至杯缘，迅速收掉牛奶泡。
4. 沿牛奶泡的边缘用竹签向里画出多条线条，呈羽毛形状。
5. 用竹签蘸上咖啡点在羽毛上。
6. 在咖啡杯边缘处点上牛奶泡，在牛奶泡上再点上咖啡。
7. 最后用牛奶泡画出小心形即可。

鸵鸟

原料

意式浓缩咖啡 30 毫升，牛奶泡、巧克力粉各适量

工具

竹签 1 支

做法

1. 将巧克力粉轻轻地撒在装有意式浓缩咖啡的咖啡杯中，再缓缓注入牛奶泡。
2. 移动注入点到咖啡杯左侧，匀速倒入牛奶泡至四分满。
3. 压低缸嘴，向前移至条纹形的牛奶泡出现。
4. 再慢慢回拉拉花缸至液面边缘处。
5. 在液面右上角另选注入点，注入牛奶泡。
6. 快速拉回拉花缸，使液面呈现出一条弧线。
7. 在液面边缘处停顿使牛奶泡堆积出鸟头，用竹签点上眼睛。
8. 再用竹签勾出鸟的嘴形，图案就完成了。

愤怒的小鸟

原料

意式浓缩咖啡 30 毫升，牛奶泡适量

工具

竹签 1 支

做法

1. 将牛奶泡从装有意式浓缩咖啡的咖啡杯的右侧注入。
2. 加快牛奶泡的注入速度，使边缘出现淡淡的牛奶泡花。
3. 转移注入点到液面中心。
4. 上下拉动拉花缸，使牛奶泡涌现，持续注入牛奶泡至杯满。
5. 用竹签画出尖尖的鸟喙，再画出额头上的卷毛。
6. 最后画出一双愤怒的眼睛即可。

咖啡物语

制作这款咖啡时，把鸟喙修饰得尖锐一些图案才会更好看。

可爱熊

原料
意式浓缩咖啡 60 毫升，牛奶泡适量

工具
温度计 1 支，咖啡勺 1 把

做法
1. 从装有意式浓缩咖啡的咖啡杯的中心点缓缓注入牛奶泡。
2. 降低拉花缸，继续注入牛奶泡。
3. 加大注入流量继续注入牛奶泡，待液面呈圆形。
4. 缸嘴上翘，收起牛奶泡，形成心形。
5. 用温度计蘸取咖啡，画出眼睛。
6. 再点出鼻子，形成熊的脸。
7. 咖啡勺舀取少许牛奶泡倒在牛奶泡边缘处。
8. 再用温度计蘸取咖啡，点上小耳朵，就形成可爱熊的图案了。

自由鱼

原料
意式浓缩咖啡 30 毫升，巧克力酱、牛奶泡各适量

工具
温度计 1 支

做法
1. 将牛奶泡匀速注入装有意式浓缩咖啡的咖啡杯中。
2. 保持匀速继续注入牛奶泡并向右移动。
3. 待液面堆积大量牛奶泡的痕迹时，收掉牛奶泡。
4. 用巧克力酱沿牛奶泡的边缘挤出鱼的轮廓。
5. 在鱼身上挤上鱼鳞。
6. 用温度计画出鱼眼睛。
7. 再画出背部的鱼鳍。
8. 画上腹部左后的鱼鳍，就形成完整的自由鱼图案了。

憨厚的浣熊

原料
意式浓缩咖啡 30 毫升，牛奶泡适量

工具
竹签 1 支，咖啡勺 1 把

做法
1. 将装有意式浓缩咖啡的咖啡杯微微倾斜，倒入牛奶泡。
2. 将拉花缸的缸嘴压低，注入牛奶泡至五分满，放平咖啡杯。
3. 将咖啡杯放在桌上，待牛奶泡与意式浓缩咖啡融合，用咖啡勺舀取牛奶泡，勾出浣熊的外形。
4. 再用竹签细致地修饰浣熊的外表。
5. 再拉出耳朵和手臂，用竹签蘸取咖啡，画出眼圈。
6. 点出眼珠，栩栩如生的浣熊就显得格外的憨厚与可爱了。

咖啡物语
画此图时要着重点出浣熊的眼睛，这样会使这款咖啡更有韵味。

小白鼠

原料

意式浓缩咖啡 30 毫升，牛奶泡适量

工具

竹签 1 支

做法

1. 稍稍倾斜装有意式浓缩咖啡的咖啡杯，缓缓注入牛奶泡至出现堆积牛奶泡的痕迹。
2. 稍微增大牛奶泡的注入量，使椭圆形变大。
3. 拉花缸向后移动，保持牛奶泡的注入量。
4. 将注入点向杯的右侧边缘转移，慢慢减小注入量至杯满。
5. 将咖啡杯放置在桌上，用竹签画出小白鼠的眼睛和胡须。
6. 再轻轻地点上耳朵，勾勒出白鼠的轮廓。
7. 最后再蘸取咖啡，点出小脚丫。
8. 可爱的小白鼠就蹦蹦跳跳地向你招手了。

迷路的猫头鹰

原料

意式浓缩咖啡 30 毫升，牛奶泡适量

工具

竹签 1 支

做法

1. 将牛奶泡徐徐倒入装有意式浓缩咖啡的咖啡杯中。
2. 压低拉花缸的缸嘴，使液面涌出牛奶泡。
3. 保持牛奶泡的注入点和注入速度，至咖啡杯七分满。
4. 轻轻晃动拉花缸的缸嘴，使牛奶泡慢慢晕开至完全占据液面中心。
5. 用竹签蘸取咖啡，勾出猫头鹰的轮廓。
6. 圈出困惑的眼睛。
7. 再拉出两侧的翅膀。
8. 最后用咖啡慢慢上色，就可以完成这款咖啡了。

兔斯基

原料

意式浓缩咖啡 30 毫升，牛奶泡适量

工具

竹签 1 支

做法

1. 将牛奶泡缓缓注入装有意式浓缩咖啡的咖啡杯中。
2. 液面现白后压低拉花缸缸嘴，持续注入牛奶泡至五分满。
3. 将拉花缸慢慢向后拉动，并加快牛奶泡的注入速度，将注入点转到液面的边缘至杯满。
4. 用竹签蘸取咖啡，先勾出兔脸的外形。
5. 然后描出耳朵，再勾出迷茫的眼睛和手的形状。
6. 最后稍稍修饰兔子的身材，就制作好这款咖啡了。

咖啡物语

　　这款拉花咖啡所需的牛奶泡分量不多，制作时，宜选用容积较小的拉花缸。

丹顶鹤

原料

意式浓缩咖啡 30 毫升，草莓果露、牛奶泡各适量

工具

竹签 1 支，咖啡勺 1 把

做法

1. 徐徐从装有意式浓缩咖啡的咖啡杯的中心点注入牛奶泡，直至白色的圆点出现。
2. 抬高拉花缸，在原注点匀速注入牛奶泡。
3. 降低拉花缸的高度，继续注入牛奶泡至八分满。
4. 用咖啡勺舀取适量的牛奶泡铺在液体的表面，形成身体、颈和头部。
5. 用竹签蘸取草莓果露，画出鹤冠，再蘸取咖啡画出眼睛，然后用竹签勾出脚和嘴。
6. 沿着身体的部位用竹签画出左翼。
7. 继续画出右翼，丹顶鹤的图案就完成了。

青蛙王子

原料

意式浓缩咖啡 60 毫升，牛奶泡适量

工具

竹签 1 支，咖啡勺 1 把

做法

1. 从装有意式浓缩咖啡的咖啡杯的中心点慢慢地注入牛奶泡。
2. 在原注点继续注入牛奶泡。
3. 待液面出现圆点，立即收掉牛奶泡。
4. 用咖啡勺舀取牛奶泡铺在圆点上，并扩大面积。
5. 在圆形边缘处倒出两个小圆形。
6. 用竹签蘸取咖啡画出眼睛。
7. 再画出大嘴巴、鼻子和脚。
8. 就这样，青蛙王子的图案就形成了。

凤尾鱼

原料

意式浓缩咖啡 30 毫升，牛奶泡适量

工具

竹签 1 支

做法

1. 将装有意式浓缩咖啡的咖啡杯紧贴桌面，倾斜 15 度，注入牛奶泡。
2. 慢慢抬高咖啡杯并保持倾斜，拉花缸注入牛奶泡并左右摆动。
3. 上下拉动拉花缸，使液面呈现旋涡状，中心点出现牛奶泡时，注入点移到旋涡中心。
4. 甩动拉花缸的缸嘴，使液面出现鱼鳞状。
5. 再将拉花缸快速地往上一收，使牛奶泡变成线条并与鱼鳞合成一体。
6. 将咖啡杯轻轻地放在桌面上。
7. 用竹签细致地修饰出凤尾鱼的形体，美就这样淋漓地绽放开来了。

可爱的小猪

原料
意式浓缩咖啡 60 毫升，牛奶泡适量

工具
竹签 1 支，咖啡勺 1 把

做法

1. 将牛奶泡徐徐注入装有意式浓缩咖啡的咖啡杯中。
2. 向前推移注入点至牛奶泡痕迹出现，抬高拉花缸使牛奶泡沉到咖啡下方，至杯满。
3. 用咖啡勺舀出牛奶泡，并在杯的中间地带均匀地铺上牛奶泡。
4. 用竹签蘸取咖啡，轻轻地在牛奶泡上勾出猪头的外形，再点出眼睛和鼻孔。
5. 接着画出猪身。
6. 最后轻轻地勾出猪尾巴就好了。

咖 啡 物 语

　　此款咖啡中图画的形象有趣可爱，是初学者的最佳选择之一。

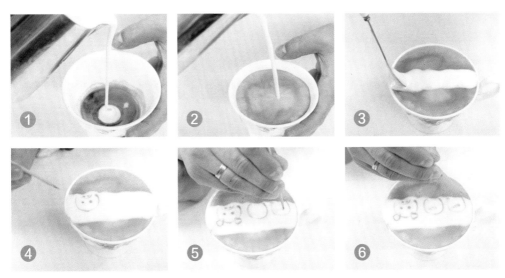

可爱的小鸭

原料

意式浓缩咖啡 30 毫升，牛奶泡适量

工具

竹签 1 支

做法

1. 将装有意式浓缩咖啡的咖啡杯倾斜 30 度，拉花缸紧贴咖啡杯，注入牛奶泡。
2. 注入速度不变，注入点朝咖啡杯中心移动；继续移动注入点注入牛奶泡，减缓注入速度，让牛奶泡逐渐形成两个半圆形。
3. 用竹签蘸取牛奶泡开始绘制图案。
4. 画出小鸭子的嘴和脚。
5. 竹签蘸取咖啡，画出小鸭子的眼睛。
6. 稍加修饰即可完成图案。

咖啡物语

此款拉花咖啡的重点在于形成鸭子的身体部分。

小野猫

原料
意式浓缩咖啡 30 毫升，牛奶泡适量

工具
竹签 1 支

做法
1. 将装有意式浓缩咖啡的咖啡杯倾斜至 25 度，牛奶泡匀速注入咖啡杯中。
2. 保持注入速度，在原注点继续注入。
3. 流量加大，开始微微晃动缸嘴。
4. 继续晃动缸嘴且稍微向后拉。
5. 图案形成后，缸嘴向前一拉，收掉牛奶泡。
6. 取竹签蘸取咖啡，画出耳朵。
7. 继续画出鼻子、眼睛。
8. 最后将它的胡须画上，小野猫的图案就形成了。

化蝶

原料
意式浓缩咖啡 30 毫升，牛奶泡适量

工具
竹签 1 支

做法
1. 将装有意式浓缩咖啡的咖啡杯微微倾斜，注入牛奶泡。
2. 持续注入牛奶泡至四分满。
3. 加大牛奶泡的注入量，使液面出现堆积牛奶泡的痕迹。
4. 保持动作，让牛奶泡的面积渐渐扩大。
5. 将拉花缸的缸嘴轻轻晃动，使牛奶泡成羽翼状扩散，向前推移注入点。
6. 缓缓收住牛奶泡流量，上翘缸嘴，拉出翅膀的分界线。
7. 最后用竹签画出蝴蝶的触须，美丽的化蝶即形成。

小狐狸

原料
意式浓缩咖啡 60 毫升，牛奶泡适量

工具
竹签 1 支，温度计 1 支，咖啡勺 1 把

做法

1. 将装有意式浓缩咖啡的咖啡杯稍稍倾斜，沿咖啡杯的边缘注入牛奶泡。
2. 注入点移至咖啡杯中央。
3. 加大流量，继续注入牛奶泡。
4. 待咖啡满杯时，液面出现圆点，缓缓放平咖啡杯。
5. 用温度计在牛奶泡的边缘画出两只耳朵。
6. 取竹签稍稍刮平牛奶泡。
7. 竹签蘸取咖啡，画出眼睛和鼻子。
8. 用咖啡勺将牛奶泡铺在液面上，形成小狐狸的图案。

海马

原料

意式浓缩咖啡 30 毫升，牛奶泡适量

工具

竹签 1 支

做法

1. 将装有意式浓缩咖啡的咖啡杯倾斜，徐徐注入牛奶泡。
2. 持续注入牛奶泡至液面涌出椭圆形的牛奶泡。
3. 将拉花缸慢慢地向前推移至杯的边缘处，使椭圆变成条状。
4. 将咖啡杯放置于桌上，用竹签蘸取适量的咖啡，勾出海马的外形与脸部。
5. 再修饰尾部。
6. 最后画出它的脊椎即可。

咖 啡 物 语

　　在画海马的脊椎时，力度要保持均匀。

功夫熊猫

原料

意式浓缩咖啡 60 毫升，牛奶泡适量

工具

竹签 1 支

做法

1. 将装有意式浓缩咖啡的咖啡杯微微倾斜，再注入牛奶泡。
2. 拉花缸沿着回旋轨迹在咖啡杯上游移，至牛奶泡浮现。
3. 将注入点转到右侧，着重地倾入牛奶泡，使牛奶泡液面大面积地浮现。
4. 用竹签画出功夫熊猫的头部轮廓，再蘸取咖啡给耳朵描边。
5. 用竹签蘸取少许咖啡，画出眼睛和鼻子。
6. 最后勾出嘴角上扬的表情，它似乎在轻声地向你打招呼："见到你真高兴，哈哈！"

(咖)(啡)(物)(语)

初学者可多次练习此做法，以增加对拉花的浓厚兴趣。

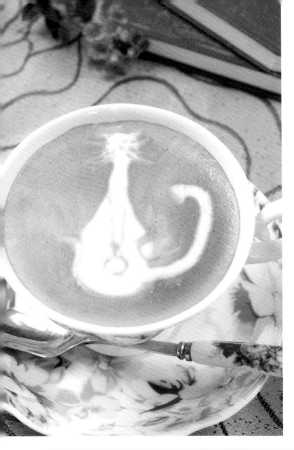

可爱的猫

原料
意式浓缩咖啡 30 毫升，牛奶泡适量

工具
竹签 1 支，咖啡勺 1 把

做法
1. 将牛奶泡缓缓地注入装有意式浓缩咖啡的咖啡杯中。
2. 稍稍抬高拉花缸，使牛奶泡下沉。
3. 着重倾注牛奶泡至杯满，使液面微微泛白。
4. 用咖啡勺舀出牛奶泡，慢慢地画出猫的大致体形，再用竹签蘸取咖啡，轻轻勾出猫身上的花纹。
5. 用咖啡勺舀出牛奶泡，拉出弯弯的尾巴。
6. 最后用蘸了咖啡的竹签细致地刻画出猫的脸部，可爱的猫就浮现在杯中了。

蜗牛

原料
意式浓缩咖啡 30 毫升，牛奶泡适量

工具
竹签 1 支

做法
1. 将牛奶泡徐徐注入装有意式浓缩咖啡的咖啡杯中。
2. 改变注入点，开始晃动拉花缸且向后移动。
3. 移动的同时要不断地左右晃动拉花缸，让水波纹向外推动。
4. 杯满后，减小流量且将缸嘴移动到中心点处，再迅速向左侧拉出蜗牛的头部。
5. 用竹签蘸取咖啡，画出蜗牛的触角。
6. 最后，画出眼睛和嘴，图案就形成了。

大嘴猴

原料

意式浓缩咖啡 30 毫升，牛奶泡适量

工具

竹签 1 支，咖啡勺 1 把

做法

1. 徐徐将牛奶泡注入装有意式浓缩咖啡的咖啡杯中。
2. 不改变注入点，继续注入牛奶泡。
3. 保持同样的高度和动作至咖啡杯满。
4. 用咖啡勺将牛奶泡舀在液面上，形成猴的大体轮廓。
5. 用竹签蘸取咖啡，画出嘴、牙齿和鼻子。
6. 再画出眉毛、眼睛和耳朵，大嘴猴的图案就形成了。

咖啡物语

　　此款咖啡中的图像形象生动，制作时，重点要放在猴子的面部表情上。

俏皮小狗

原料
意式浓缩咖啡 30 毫升，牛奶泡适量

工具
竹签 1 支，咖啡勺 1 把

做法
1. 将牛奶泡徐徐注入装有意式浓缩咖啡的咖啡杯中。
2. 抬高拉花缸，着重倾注牛奶泡至五分满。
3. 慢慢降低拉花缸，减缓牛奶泡的注入量。
4. 保持动作不变，至液面中心出现实心的白色圆圈。
5. 再次减少牛奶泡的注入量至杯满。
6. 用竹签蘸取咖啡画出小狗的面部表情。
7. 最后用咖啡勺舀出牛奶泡，描出小狗跳跃的动作。
8. 就这样，便制作好这款俏皮小狗咖啡了。

可爱的小狗

原料
意式浓缩咖啡 30 毫升，牛奶泡适量

工具
竹签 1 支

做法
1. 将装有意式浓缩咖啡的咖啡杯倾斜至 15 度，拉花缸和咖啡杯距离约 10 厘米，从咖啡杯中心点注入牛奶泡至白色圆圈出现。
2. 降低拉花缸的高度，在原注点继续注入牛奶泡。
3. 加大注入流量并往前移动，放平咖啡杯。
4. 待咖啡杯内液体达到七分满时，将拉花缸慢慢抬高，同时减少注入量。
5. 继续注入牛奶泡至杯满。
6. 用竹签蘸取咖啡，点上胡须，画上鼻子。
7. 最后画上两只眼睛，可爱的小狗图案就形成了。

鲤鱼跳龙门

原料
意式浓缩咖啡 30 毫升，牛奶泡适量

工具
竹签 1 支

做法
1. 将牛奶泡注入装有意式浓缩咖啡的咖啡杯中，待牛奶泡浮出液面。
2. 牛奶泡的流量保持不变，慢慢移动拉花缸的缸嘴至边缘处，形成桃形白圈。
3. 将咖啡杯放在桌上，用竹签蘸取少许咖啡，画出多个鲤鱼形状。
4. 在画面的左上方点出鱼饵。
5. 在右下角滴入少许咖啡作为装饰。
6. 此时，鲤鱼就可以轻松地跳龙门了。

招财猫

原料
意式浓缩咖啡 30 毫升，牛奶泡适量

工具
竹签 1 支

做法
1. 在距离装有意式浓缩咖啡的咖啡杯正上方10 厘米处，慢慢往杯中注入牛奶泡。
2. 待咖啡杯内形成白色的大圆圈，慢慢向后拉动拉花缸的缸嘴。
3. 缓缓减少牛奶泡的注入量，至杯满。
4. 将咖啡杯放在桌上，用蘸取咖啡的竹签流畅地勾出招财猫的外形。
5. 再画出脚的形状。
6. 最后轻轻勾出鼻子，可爱的招财猫就清晰地显现在杯中了。

欢乐的小鱼

原料
意式浓缩咖啡 30 毫升，牛奶泡适量

工具
竹签 1 支

做法

1. 将装有意式浓缩咖啡的咖啡杯稍倾斜，将牛奶泡从液面的边缘处注入。
2. 待液面出现鱼尾形状的图案，将注入点向前推移，倒出鱼的身形。
3. 稍稍停顿牛奶泡的注入，等待白色部分互相牵扯。
4. 再次注入牛奶泡，使鱼的身形慢慢扩大，至杯满。
5. 用竹签蘸取咖啡，画出鱼的眼睛和鱼鳍。
6. 最后用竹签蘸取牛奶泡在鱼头的上方处点上一串气泡，活灵活现的鱼就游动起来了。

咖啡物语

　　初学者要把握好牛奶泡注入的停顿时间，掌握这个技巧需要反复练习。

憨厚的大象

原料

意式浓缩咖啡 30 毫升，牛奶泡、巧克力粉各适量

工具

撒粉器、裱花模具（大象形）各1个

做法

1. 将装有意式浓缩咖啡的咖啡杯平放在桌上，慢慢地注入牛奶泡。
2. 将拉花缸向咖啡杯边缘缓缓移动，加大注入力度，直至白点出现。
3. 慢慢降低拉花缸的高度，待白色圆圈填满咖啡杯。
4. 取大象形模具，贴着咖啡杯的口径。
5. 在模具上方放上装有巧克力粉的撒粉器，拍打至图像形成。
6. 一头憨厚大象的图形就出现了。

咖啡物语

这款咖啡的制作手法轻巧，制作方法也相对简单。

蝴蝶飞舞

原料
意式浓缩咖啡 60 毫升，牛奶泡、抹茶粉、巧克力酱各适量

工具
撒粉器、裱花模具（蝴蝶形）各 1 个，竹签 1 支

做法

1. 将牛奶泡从装有意式浓缩咖啡的咖啡杯的边缘注入，顺时针晃动拉花缸嘴，使咖啡杯内的牛奶泡呈回旋状。

2. 待牛奶泡出现堆积的状态，迅速增加牛奶泡的注入量至液面全白。

3. 将蝴蝶形模具紧贴杯口放置，取撒粉器轻轻摇晃出抹茶粉至蝴蝶形状出现。

4. 将巧克力酱绕着咖啡杯口径挤出圆形。

5. 取竹签在巧克力酱上轻轻画出旋涡状的花。

6. 就这样，美丽的蝴蝶就翩翩起舞了。

浮游的小鱼

原料

意式浓缩咖啡 30 毫升，牛奶泡适量

工具

竹签 1 支

做法

1. 将装有意式浓缩咖啡的咖啡杯稍倾斜，徐徐注入牛奶泡。
2. 左右摇晃拉花缸，让牛奶泡浮出液面。
3. 将注入点慢慢移到边缘处，匀速注入牛奶泡。
4. 向前渐渐推动拉花缸，微微晃动缸嘴，至杯满。
5. 用竹签蘸取咖啡，勾画出小鱼。
6. 最后再点上气泡，鱼儿就要开始自由游动了。

咖啡物语

此款拉花咖啡简单易学，初学者可以反复练习此款咖啡来打好基础。

小蜗牛

原料

意式浓缩咖啡 60 毫升，牛奶泡、抹茶粉、巧克力酱各适量

工具

咖啡勺 1 把，竹签 1 支

做法

1. 在装有意式浓缩咖啡的咖啡杯中心处缓缓注入牛奶泡，并将咖啡杯稍倾斜。
2. 稍微抬高拉花缸，在原注点注入牛奶泡。
3. 保持注入速度至咖啡杯满后，放平咖啡杯。
4. 用咖啡勺将牛奶泡铺在液面上。
5. 依次铺完多个白色圆点。
6. 用竹签穿过白色圆点，再勾勒出蜗牛的形状，就形成图案了。

富贵鸟

原料

意式浓缩咖啡 30 毫升，牛奶泡适量

工具

竹签 1 支

做法

1. 将装有意式浓缩咖啡的咖啡杯稍倾斜，缓缓注入牛奶泡，拉花缸慢慢移至液面边缘。
2. 移动注入点到咖啡杯的中心处，至中心出现白点。
3. 渐渐地往后拉动拉花缸并轻轻晃动缸嘴，同时慢慢放平咖啡杯。
4. 将拉花缸迅速地向前推进并抬高缸嘴，使牛奶泡呈细条勾出图案的对称轴。
5. 将咖啡杯置于桌上，用竹签画出羽毛。
6. 再用牛奶泡点出鸟头。
7. 最后用蘸取咖啡的竹签点出鸟的眼睛和斑点，富贵鸟的形状就清晰地出现了。

米妮

原料
意式浓缩咖啡 30 毫升，牛奶泡适量

工具
竹签 1 支

做法
1. 将牛奶泡注入装有意式浓缩咖啡的咖啡杯内。
2. 将拉花缸左右小幅度地晃动，使牛奶泡呈现樱桃的形状。
3. 保持注入动作，至杯满。
4. 用竹签蘸取咖啡，画出米妮的五官和发饰。
5. 再轻轻拉出帽子的边界。
6. 最后点缀上一朵小花，可爱的米妮就绽放出笑容了。

咖啡物语

　　此款咖啡的牛奶泡可以制作得略微粗糙一些，可使画面显得更为可爱。

大白鲨

原料

意式浓缩咖啡 30 毫升，牛奶泡适量

工具

竹签 1 支

做法

1. 将牛奶泡徐徐注入装有意式浓缩咖啡的咖啡杯内。
2. 增大牛奶泡的注入量使液面堆积的牛奶泡成一个平面。
3. 将拉花缸缓缓向咖啡杯的中心处移动，此时牛奶泡形成纹理清晰的圆圈。
4. 向前快速推动拉花缸至液面边缘，至杯满。
5. 用竹签蘸取咖啡画出鲨鱼的头部和鱼尾的形态。
6. 再在头顶补上喷出的水柱，就制作好这款咖啡了。

凤舞九天

原料

意式浓缩咖啡 30 毫升，牛奶泡适量

工具

竹签 1 支

做法

1. 将牛奶泡注入装有意式浓缩咖啡的咖啡杯中至五分满。
2. 将拉花缸缓缓向后撤离并左右甩动缸嘴，至液面边缘处注入牛奶泡。
3. 再将拉花缸顺着液面牛奶泡的纹路的中心线向前勾回。
4. 保持牛奶泡的注入速度，并使缸嘴向右侧快速地偏离，拉出一条连接线，再次慢慢向后移动拉花缸并轻微甩动缸嘴。
5. 将拉花缸快速地往回勾，再使牛奶泡的第二条纹路露出淡淡的鱼钩形状。
6. 用竹签点上眼睛，图案就呈现于杯中了。

笨重的企鹅

原料

意式浓缩咖啡 60 毫升，牛奶泡、抹茶粉、奶油各适量

工具

撒粉器、裱花模具（企鹅形）、夹子各 1 个，吧勺、咖啡勺各 1 把

做法

1. 将牛奶泡慢慢从装有意式浓缩咖啡的咖啡杯的中心点注入，直至出现白点。
2. 放缓牛奶泡的注入流量，至五分满。
3. 慢慢倾斜拉花缸，注入牛奶泡至液面全白。
4. 将企鹅形模具用夹子夹住，盖在咖啡杯上，取撒粉器轻轻抖出抹茶粉。
5. 图案形成后，待牛奶泡稍冷。
6. 将奶油挤在咖啡勺上，用吧勺轻轻拨进咖啡杯中，企鹅就向你问好了。

小鸭子

原料

意式浓缩咖啡 30 毫升，牛奶泡适量

工具

咖啡勺 1 把，温度计 1 支

做法

1. 拉花缸贴近装有意式浓缩咖啡的咖啡杯，徐徐将牛奶泡注入咖啡杯中。
2. 继续在原注点注入牛奶泡，缸嘴向前推动。
3. 缸嘴移至咖啡杯的边缘处，轻微晃动使图案产生。
4. 用咖啡勺将牛奶泡舀在液面上，形成小鸭的大体轮廓。
5. 取温度计，蘸取咖啡画出眼睛。
6. 再画出鸭掌，图案就形成了。

欢喜猪

原料
意式浓缩咖啡 30 毫升，牛奶泡适量

工具
竹签 1 支

做法
1. 将装有意式浓缩咖啡的咖啡杯稍倾斜，徐徐注入牛奶泡。
2. 牛奶泡的流量慢慢加大，继续保持杯子倾斜。
3. 减小牛奶泡的流量，同时将缸嘴向前方移动，左手轻轻晃动杯子。
4. 用竹签蘸取咖啡，在牛奶泡的表面画上猪鼻子和猪鼻孔。
5. 继续画上欢喜猪眼，并在牛奶泡的表面一角轻轻地拨开个口。
6. 沿着牛奶泡的边缘画出四条腿，欢喜猪就画成了。

咖 啡 物 语

　　这款咖啡图案充满乐趣，适合给好朋友品尝。

逗笑的猫脸

原料

意式浓缩咖啡 30 毫升，牛奶泡适量

工具

竹签 2 支

做法

1. 将牛奶泡徐徐注入装有意式浓缩咖啡的咖啡杯中。
2. 移动注入点到液面的中心注入牛奶泡，动作保持不变，待牛奶泡涌现出来，慢慢减少牛奶泡的注入量，至杯满。
3. 用竹签蘸取少许咖啡，画上眼睛和鼻子。
4. 用另一支竹签蘸取牛奶泡滴在脸部下方处，画出猫爪，再补上耳朵。
5. 最后用蘸了咖啡的竹签，画上胡须和额头上的蝴蝶结。
6. 这样逗笑的猫脸图案就形成了。

咖啡物语

　　用作描绘猫爪的牛奶泡分量要掂量好，过多的话会影响画面美观。

松狮犬

原料
意式浓缩咖啡 30 毫升，牛奶泡适量

工具
竹签 1 支

做法

1. 往装有意式浓缩咖啡的咖啡杯中缓缓地注入牛奶泡。
2. 渐渐地将拉花缸向前推进，使牛奶泡慢慢涌出。
3. 转移注入点到液面中心，加大牛奶泡的注入量。
4. 这时开始甩动缸嘴，至杯满。
5. 用竹签蘸取咖啡，依次画出松狮犬的眼睛和鼻子。
6. 最后点上毛孔，优雅的松狮犬的脸形就露出来了。

金毛犬

原料
意式浓缩咖啡 30 毫升，牛奶泡适量

工具
竹签 1 支

做法

1. 将装有意式浓缩咖啡的咖啡杯倾斜约 13 度，在咖啡杯的边缘处注入牛奶泡。
2. 当堆积的牛奶泡痕迹出现后，向前慢慢推动拉花缸。
3. 稍稍加大牛奶泡的注入量，匀速保持注入量至五分满。
4. 待牛奶泡在液面上的面积慢慢扩大，渐渐放平咖啡杯，满杯后放置在桌上。
5. 用竹签蘸取适量的咖啡，勾出狗的眼睛，再圈出鼻子。
6. 最后画上嘴巴和长长的舌头，这款咖啡就制作好了。

毛毛熊

原料
意式浓缩咖啡 30 毫升，牛奶泡适量

工具
咖啡勺 1 把，画笔 1 支

做法
1. 将装有意式浓缩咖啡的咖啡杯倾斜约 25 度，从咖啡杯的中心处缓缓注入牛奶泡；加大注入量；至杯满时减小注入量且放平咖啡杯。
2. 用咖啡勺将牛奶泡铺在液面上，形成图案。
3. 用画笔在头部以画椭圆形的方式勾出熊毛。
4. 继续勾出身体和脚上的熊毛。
5. 画笔蘸取咖啡，在脸部画出鼻子，再用咖啡画上眼睛。
6. 最后，在身体部位画上几点，毛毛熊的图案就完成了。

咖啡物语
用画笔勾画熊毛的力度不能太大，以免影响图案的整体效果。

长颈鹿

原料
意式浓缩咖啡 30 毫升，牛奶泡适量

工具
竹签 1 支

做法
1. 从意式浓缩咖啡的液面右侧注入牛奶泡。
2. 上下拉动拉花缸使牛奶泡向杯的边缘堆积。
3. 加快牛奶泡的注入速度至杯子五分满。
4. 缩小拉花缸的缸嘴与咖啡杯液面的距离，匀速注入牛奶泡。
5. 渐渐减少牛奶泡的注入量，咖啡杯满后迅速撤离拉花缸。
6. 竹签蘸取牛奶泡，在液面上圈出长颈鹿的侧面形体，再画出大大的耳朵。
7. 轻轻地点上眼睛，再拉出腿部。
8. 最后在画面上加以少许小草点缀，可爱的长颈鹿就可以悠闲地散步了。

相恋的鸟

原料
意式浓缩咖啡 30 毫升，牛奶泡适量

工具
竹签 1 支

做法
1. 将牛奶泡缓缓注入装有意式浓缩咖啡的咖啡杯中。
2. 向后慢慢移动拉花缸，至牛奶泡面积扩大。
3. 压低拉花缸缸嘴，将咖啡挤成外环形圆圈。
4. 匀速注入牛奶泡至杯满。
5. 竹签蘸取少许咖啡，轻轻地在牛奶泡上勾画出两只鸟的外形。
6. 再画上眼睛、脚和树干，再画出鸟的嘴。
7. 在树干上拉出旁枝，点上几颗心。
8. 最后勾勒出鸟的翅膀，相恋之情就跃然于液面上了。

采蜜的蜂鸟

原料

意式浓缩咖啡 30 毫升，牛奶泡适量

工具

竹签 1 支，咖啡勺 1 把

做法

1. 将牛奶泡注入装有意式浓缩咖啡的咖啡杯中，动作保持不变，直至堆积的牛奶泡浮出液面。
2. 将拉花缸沿着弧形轨迹推进并甩动缸嘴。
3. 移动注入点到液面边缘，继续注入牛奶泡。
4. 将拉花缸向液面右侧移动，渐渐甩动拉花缸缸嘴，至杯满。
5. 用竹签在牛奶泡上流畅地拉出一条细线。
6. 再将竹签蘸取咖啡，画出鸟头和眼睛。
7. 用咖啡勺舀出少许牛奶泡，滴在鸟头的左上方处。
8. 最后用竹签勾出花瓣，一幅蜂鸟采蜜的图画就描绘出来了。

报喜鸟

原料
意式浓缩咖啡 30 毫升，牛奶泡适量

工具
竹签 1 支

做法
1. 将牛奶泡徐徐注入装有意式浓缩咖啡的咖啡杯中。
2. 抬高拉花缸，将牛奶泡注入咖啡杯中，至杯满。
3. 用竹签蘸取牛奶泡，画出树干。
4. 再轻轻地点上几片叶子。
5. 描绘出旁枝，在枝干上轻轻拉出鸟的轮廓线。
6. 再在鸟的上方处圈出光芒四射的太阳。

咖啡物语

　　牛奶泡在冲入时若能左右甩动拉花缸缸嘴，效果会更好。

狮子

原料

意式浓缩咖啡 30 毫升，牛奶泡适量

工具

咖啡勺 1 把，竹签 1 支

做法

1. 将拉花缸贴近装有意式浓缩咖啡的咖啡杯，注入牛奶泡。
2. 力度加大，让牛奶泡浮上来，将缸嘴下压，注入牛奶泡至满杯。
3. 用咖啡勺取适量牛奶泡铺在咖啡上，抹平，呈现出狮子头部的形状。
4. 用竹签蘸取咖啡。
5. 画出狮子的五官。
6. 点缀胡须和头顶的鬃毛，充满卡哇伊风格的狮子图案就完成了。

（咖）（啡）（物）（语）

这个狮子的图案憨态可掬，关键在于描绘脸部的表情。

可爱的小兔子

原料

意式浓缩咖啡 30 毫升，牛奶泡适量

工具

竹签 1 支，咖啡勺 1 把

做法

1. 将装有意式浓缩咖啡的咖啡杯微倾，拉花缸靠近咖啡杯，注入牛奶泡。
2. 缸嘴下压，持续注入牛奶泡。
3. 注入至五分满时，加大注入量，左右晃动缸嘴，形成圆形图案。
4. 缸嘴向前移动使圆形图案的线条受到拉动，杯满时，迅速收掉牛奶泡，勾画出心形图案的尾巴。
5. 用咖啡勺取少量牛奶泡点于尾巴上，抹成圆形，用竹签蘸取少量咖啡，画出兔子的眼睛、鼻子、嘴巴。
6. 可爱的小兔子就出现了。

咖啡物语

　　将圆形图案拉长，就变成了兔子的耳朵，若是圆形再小一些，也可以制作成猫。

快乐的小猪

原料
意式浓缩咖啡 30 毫升，牛奶泡适量

工具
竹签 1 支

做法
1. 轻轻摇晃装有意式浓缩咖啡的咖啡杯，准备注入牛奶泡。
2. 拉花缸贴近杯沿，注入牛奶泡。
3. 注入至五分满时，左右晃动缸嘴，图案线条开始呈水波纹方式向外推动并形成圆形图案。
4. 用竹签蘸取牛奶泡画出猪的耳朵和眼睛。
5. 再画出嘴巴。
6. 快乐的小猪图案就完成了。

咖啡物语
只要拉出一个圆形，就可以制作出多种动物的形态了。

PART 3

创意拉花咖啡

此部分介绍了一些别具创意的拉花咖啡的制作手法，包括繁星点点、问候、流逝的光阴等。这部分体现了咖啡有着兼容并蓄的智慧，也显示了咖啡的亲切可爱。

心愿

原料

意式浓缩咖啡 30 毫升，牛奶泡适量

工具

竹签 1 支，咖啡勺 1 把

做法

1. 将装有意式浓缩咖啡的咖啡杯微微倾斜，拉花缸抬高至咖啡杯 10 厘米左右，注入牛奶泡。
2. 旋转注入牛奶泡至杯满。
3. 用咖啡勺从拉花缸中取牛奶泡点于咖啡上。
4. 将竹签从牛奶泡的中心划过，形成美观的图案。
5. 用竹签依次划过每个牛奶泡。
6. 取少量牛奶泡点于原图案上方即可。

开心小丑

原料

意式浓缩咖啡 30 毫升，牛奶泡、巧克力粉各适量

工具

撒粉器 1 个，裱花模具（小丑形）1 个

做法

1. 将装有意式浓缩咖啡的咖啡杯微微倾斜，拉花缸贴近咖啡杯边缘，于咖啡杯中心点注入牛奶泡。
2. 逐渐加大咖啡杯的倾斜角度，匀速注入牛奶泡。
3. 加大牛奶泡注入力度，至杯满。
4. 取小丑形模具放置在咖啡杯上方。
5. 在模具上方晃动撒粉器撒巧克力粉。
6. 形成完整图案即可。

可爱的娃娃

原料

意式浓缩咖啡 30 毫升, 牛奶泡、巧克力粉各适量

工具

撒粉器、裱花模具 (脸形) 各 1 个

做法

1. 在装有意式浓缩咖啡的咖啡杯中徐徐倒入牛奶泡。
2. 将拉花缸移到咖啡杯的中心点缓缓注入牛奶泡。
3. 待牛奶泡浮现时, 往回慢慢收住流量。
4. 待融合至七分满, 倾斜拉花缸着重倒入牛奶泡。
5. 在原注点继续倒入牛奶泡至满杯。
6. 将模具罩在杯上, 用撒粉器均匀撒出巧克力粉, 可爱的娃娃脸就出现了。

咖啡物语

　　萃取意式浓缩咖啡的时间最好保持在 20 秒左右。

繁星点点

原料

意式浓缩咖啡 30 毫升，牛奶泡、巧克力粉各适量

工具

撒粉器、裱花模具（星形）各1个

做法

1. 将牛奶泡注入装有意式浓缩咖啡的咖啡杯中。

2. 从咖啡杯中心点再次慢慢注入牛奶泡，待白色浮现。

3. 放低拉花缸，将白色圈扩大。

4. 稍稍提升拉花缸的高度，让牛奶泡填满咖啡杯。

5. 取星形模具放置在咖啡杯上方，再将装好巧克力粉的撒粉器在模具上 5 厘米高处轻轻拍打。

6. 这样，满天星星就出现在眼前了。

（咖）（啡）（物）（语）

这份咖啡的注入点要保持不变，否则会影响画面效果。

浪漫酒杯

原料
意式浓缩咖啡 30 毫升，牛奶泡、巧克力粉、咖啡豆各适量

工具
撒粉器、裱花模具（酒杯形）各 1 个

做法
1. 晃动拉花缸，将牛奶泡徐徐倒入装有意式浓缩咖啡的咖啡杯中。
2. 从咖啡杯的中心点注入牛奶泡至白色圆圈扩大。
3. 在原注点继续倒入牛奶泡至咖啡杯内全白。
4. 待咖啡杯满后，取酒杯形模具放在其上方。
5. 再将撒粉器放在距模具 5 厘米的上方处，轻轻拍打撒粉器的底部至巧克力粉撒出，形成图案。
6. 放上咖啡豆装饰即成。

弓箭

原料
意式浓缩咖啡 30 毫升，牛奶泡、抹茶粉、糖粉各适量

工具
撒粉器、裱花模具（弓箭形）各 1 个

做法
1. 将意式浓缩咖啡注入咖啡杯中。
2. 加入糖粉搅拌至糖溶化。
3. 在咖啡杯的中心点徐徐注入牛奶泡，待牛奶泡浮现。
4. 移动拉花缸使牛奶泡呈堆积的圆形，慢慢将注入点向杯的边缘处转移。
5. 待白色铺满杯中，减缓牛奶泡的注入量至满杯。
6. 将模具罩在杯上，轻轻摇晃装好抹茶粉的撒粉器，图像成形后弓箭就蓄势待发了。

旋转风车

原料

意式浓缩咖啡 30 毫升，牛奶泡、抹茶粉各适量

工具

撒粉器、裱花模具（风车形）各 1 个

做法

1. 咖啡杯平放在桌上，倒入意式浓缩咖啡。
2. 选咖啡液面的中心点缓缓注入牛奶泡。
3. 当牛奶泡堆积时，向后移动注入点。
4. 保持注入点和注入速度，待液面全白时，迅速减少牛奶泡流量。
5. 将模具盖在咖啡杯上，均匀撒出抹茶粉至图像清晰显现。
6. 驱走酷热的旋转风车就出现在你眼前了。

咖啡物语

撒粉器使用前要清理筛网，以免堵塞筛孔。

问候

原料

意式浓缩咖啡 30 毫升，牛奶泡适量

工具

竹签1支

做法

1. 将牛奶泡徐徐注入装有意式浓缩咖啡的咖啡杯中。
2. 匀速地注入牛奶泡至七分满。
3. 此时抬高拉花缸的缸嘴，缓缓注入牛奶泡至九分满。
4. 将咖啡杯放在桌子上，用竹签写上第一排英文字母。
5. 调整竹签上的牛奶泡分量，轻轻写上余下的英文。
6. 最后在左下角画上一朵梅花修饰，"问候"就送达出去啦！

英式烟斗

原料

意式浓缩咖啡 30 毫升，牛奶泡适量

工具

竹签1支

做法

1. 将装有意式浓缩咖啡的咖啡杯倾斜 12 度，同时轻轻晃动拉花缸。
2. 在咖啡杯内任选一个注入点，缓缓注入牛奶泡至白色大圈浮现。
3. 拉高拉花缸，与此同时，慢慢放平咖啡杯，减少牛奶泡的注入量，至满杯。
4. 将咖啡杯放在桌上，取竹签画出"烟斗"形状。
5. 再写上英文字母。
6. 最后轻轻描上烟雾，极具韵味的"烟斗"咖啡就完成了。

五角星

原料

意式浓缩咖啡 30 毫升，牛奶泡、巧克力粉、巧克力酱各适量

工具

撒粉器、裱花模具（五角星形）各 1 个，竹签 1 支

做法

1. 将牛奶泡徐徐倒入装有意式浓缩咖啡的咖啡杯中，待白点浮现，着重倾注牛奶泡至液面全白。
2. 取模具罩在杯上，用撒粉器均匀撒上巧克力粉。
3. 将咖啡杯静置一会儿，待巧克力粉稍溶解。
4. 将竹签蘸取巧克力酱，顺着五角星形状轻轻点成半环形。
5. 最后微微用力在巧克力酱边缘处划出旋涡状。
6. 就这样，美丽的五角星就完成了。

咖啡物语

这款咖啡口感轻柔、香味浓郁。

齿轮

原料
意式浓缩咖啡 30 毫升，牛奶泡、巧克力粉各适量

工具
撒粉器 1 个，裱花模具（齿轮形）1 个

做法
1. 将装有意式浓缩咖啡的咖啡杯微微倾斜，拉花缸贴近咖啡杯边缘，注入牛奶泡。
2. 逐渐放平咖啡杯，匀速注入牛奶泡。
3. 注入点保持不变，持续注入牛奶泡。
4. 注入牛奶泡至杯满即可。
5. 取齿轮形模具放置在咖啡杯上方。
6. 用撒粉器撒出巧克力粉，形成图案即可。

重瓣花

原料
意式浓缩咖啡 30 毫升，牛奶泡适量

工具
竹签 1 支

做法
1. 徐徐将牛奶泡注入装有意式浓缩咖啡的咖啡杯中。
2. 降低拉花缸，加大注入流量，在原注点继续注入牛奶泡。
3. 注入点移至咖啡杯的中心，满杯后收住牛奶泡。
4. 用竹签在液面的正前方勾出花瓣。
5. 在液面的左侧勾出花瓣。
6. 最后，将页面右侧的花瓣也勾上，完整的图案就形成了。

巧克力音符

原料
意式浓缩咖啡 30 毫升，巧克力酱、牛奶泡各适量

工具
咖啡勺 1 把

做法
1. 徐徐将牛奶泡注入装有意式浓缩咖啡的咖啡杯中。
2. 注入量不变，一直匀速注入。
3. 加大注入牛奶泡的流量。
4. 当牛奶泡和咖啡融合至七分满后，停止注入牛奶泡。
5. 用咖啡勺将牛奶泡盛在液面上，留下杯子边缘一圈。
6. 用巧克力酱挤出音符，图案就形成了。

巧克力心情

原料
意式浓缩咖啡 30 毫升，牛奶泡、巧克力粉各适量

做法
1. 将巧克力粉撒入装有意式浓缩咖啡的咖啡杯中。
2. 咖啡杯微倾，拉花缸距离咖啡杯 10 厘米左右，注入牛奶泡。
3. 缸嘴下移，贴近咖啡杯边缘，注入牛奶泡。
4. 注入时，左右抖动缸嘴，让牛奶泡呈现波纹状。
5. 注入点由中心向边缘移动。
6. 缸嘴缓缓上翘，杯满时停住即可。
7. 轮廓明显的心形图案就显现出来了。

浪漫秋叶

原料

意式浓缩咖啡 30 毫升，牛奶泡适量

做法

1. 拉花缸紧贴装有意式浓缩咖啡的杯缘，注入牛奶泡。
2. 拉花缸往前推进，持续注入牛奶泡，待注入五分满时，注入点由边缘往中心移动。
3. 晃动拉花缸缸嘴，让牛奶泡呈现水波纹状。
4. 牛奶泡注入至九分满时，由中心向边缘移动，形成竖纹。
5. 注入牛奶泡至满杯即可。
6. 一幅充满浪漫气息的叶片图就显示出来了。

咖啡物语

　　叶片的拉花关键是掌握好使图案成形的技巧。

秋叶飞舞

原料

意式浓缩咖啡 30 毫升，牛奶泡适量

做法

1. 牛奶泡徐徐从装有意式浓缩咖啡的咖啡杯的中心点注入。
2. 放低拉花缸，增加牛奶泡的注入量，使杯内成堆积的椭圆形状。
3. 逐渐放平咖啡杯，将拉花缸拉高，使牛奶泡如细丝一样注入咖啡杯中。
4. 此时完全放平咖啡杯，加大牛奶泡的注入力度，缓缓拉出图案。
5. 最后将咖啡杯轻轻放置在桌上。
6. 美丽的花纹出现了，仔细品味后再慢慢品尝吧。

咖啡物语

沿着叶子舞动的轨迹，让你的思绪飘动起来吧！

心语星愿

原料
意式浓缩咖啡 30 毫升，牛奶泡适量

工具
竹签 1 支

做法
1. 在装有意式浓缩咖啡的咖啡杯的中心点缓缓注入牛奶泡。
2. 杯的中心点出现上涌的牛奶泡时，稍稍提高拉花缸的缸嘴。
3. 匀速地注入牛奶泡至五分满。
4. 向后慢慢拉动拉花缸，缩减牛奶泡的堆积面积。
5. 移动注入点到液面边缘至满杯。
6. 用沾了牛奶泡的竹签点上几棵小草。
7. 再画上明朗的月亮和闪闪的星星。
8. 最后画上挂满愿望纸条的愿望树就可以了。

心帘

原料
意式浓缩咖啡 30 毫升，牛奶泡适量

工具
竹签 1 支

做法
1. 将牛奶泡徐徐注入装有意式浓缩咖啡的咖啡杯中。
2. 在原注点继续注入牛奶泡至七分满，微微放平咖啡杯。
3. 用竹签蘸上牛奶泡在液面上画出一个方形。
4. 再画出另一个方形。
5. 在两个方形中画出两个心。
6. 在液面的中心位置画上一点。
7. 按同样的方法在方形下面画出三个点。
8. 用竹签划过三个点，形成心形，完整图案就形成了。

旋律

原料

意式浓缩咖啡 30 毫升，牛奶泡、巧克力粉各适量

工具

撒粉器、裱花模具（音符形）各 1 个

做法

1. 将装有意式浓缩咖啡的咖啡杯倾斜 15 度，拉花缸和咖啡杯距离约 15 厘米，从边缘向中心推进匀速注入牛奶泡。
2. 沿中心向边缘来回推进注入牛奶泡。
3. 继续匀速注入牛奶泡。
4. 注入牛奶泡至满杯，放平咖啡杯。
5. 取音符形模具放在咖啡杯上方。
6. 取撒粉器放在距模具 5 厘米上方处，轻轻拍打撒粉器的底部使巧克力粉撒在模具上。
7. 形成完整图案即可。

海螺

原料

意式浓缩咖啡 30 毫升，牛奶泡适量

做法

1. 将装有意式浓缩咖啡的咖啡杯倾斜 15 度，拉花缸贴近咖啡杯。
2. 从咖啡杯的边缘处缓缓注入牛奶泡至咖啡杯七分满。
3. 注入点移至咖啡杯的中心处，加大牛奶泡的注入量并开始左右摆动。
4. 缸嘴从咖啡杯的中心移到边缘，形成水波纹形状。
5. 放平咖啡杯，缸嘴移动到咖啡杯边缘处，然后向中心点移动使图案受到拉动。
6. 迅速收掉牛奶泡，海螺的图案就形成了。

月夜

原料
意式浓缩咖啡 30 毫升，牛奶泡、巧克力粉各适量

做法
1. 将牛奶泡缓缓注入装有意式浓缩咖啡并撒了巧克力粉的咖啡杯中。
2. 变换注入点到液面边缘。
3. 继续匀速注入至出现堆积牛奶泡的痕迹。
4. 压低拉花缸缸嘴，此时注入点移动到液面中心，使牛奶泡堆积成花苞形状。
5. 将拉花缸往回收并微微晃动缸嘴，至叶片呈现。
6. 风影移动的美好月夜就降临了。

咖 啡 物 语

　　此款咖啡的巧克力粉若过多就会打乱月色朦胧的意境。

热情绽放

原料

意式浓缩咖啡 30 毫升，牛奶泡、抹茶粉、巧克力酱各适量

工具

撒粉器、裱花模具（花朵形）各 1 个，竹签 1 支

做法

1. 将意式浓缩咖啡倒入杯中，再从杯的边缘处缓缓注入牛奶泡。
2. 液体颜色呈白色时移动注入点，稍微加快牛奶泡的流量至液面全白。
3. 放缓牛奶泡的注入速度，至满杯。
4. 取裱花模具罩在杯上，用撒粉器均匀地撒上抹茶粉，再滴入巧克力酱，最后用竹签在巧克力酱上轻轻勾勒出纹理，就完成这份咖啡了。

一心一意

原料

意式浓缩咖啡 30 毫升，牛奶泡适量

做法

1. 将装有意式浓缩咖啡的咖啡杯微倾，拉花缸贴近咖啡杯，注入牛奶泡。
2. 注入至五分满时，逐渐放平咖啡杯。
3. 缸嘴稍稍后退，注入牛奶泡。
4. 注入时，左右晃动拉花缸，让牛奶泡呈现波纹状。
5. 注入点向边缘缓缓移动。
6. 缸嘴慢慢上翘，杯满时停住即可。
7. 完整的白色心形图案就显现出来了。

心花怒放

原料

意式浓缩咖啡 30 毫升，牛奶泡适量

做法

1. 装有意式浓缩咖啡的咖啡杯倾斜 16 度，将牛奶泡徐徐倒入。
2. 放低拉花缸，缓缓注入至四分满。
3. 将拉花缸慢慢抬高至离咖啡杯 10 厘米处，出现堆积牛奶泡痕迹，此时将拉花缸缸嘴左右晃动。
4. 往回收拉花缸至咖啡杯边缘处，出现椭圆形状，同时放平咖啡杯。
5. 将拉花缸慢慢拉高，向前勾出牛奶泡至八分满。
6. 再次向前移动注入点，迅速减少牛奶泡的流量，一颗"心"就这样出现了。

咖 啡 物 语

　　咖啡不仅让杯中的花绽放，更能吸引住你的心。

花弄影

原料

意式浓缩咖啡 30 毫升，牛奶泡适量

做法

1. 装有意式浓缩咖啡的咖啡杯微微倾斜，注入牛奶泡。
2. 移动注入点到液面右侧，同时加快牛奶泡的注入速度。
3. 牛奶泡浮现后，左右甩动拉花缸的缸嘴。
4. 保持动作并拉回拉花缸至杯的边缘处。
5. 选择液面左侧注入牛奶泡，并渐渐放平咖啡杯。
6. 再次甩动拉花缸缸嘴使牛奶泡浮出第二朵花的纹理，这时花影与花身就需要你的鉴别了。

咖啡物语

　　此款拉花咖啡的大部分牛奶泡被压在底下，喝起来口感会很纯正。

可爱向日葵

原料
意式浓缩咖啡 60 毫升，牛奶泡、巧克力粉各适量

工具
撒粉器、裱花模具（向日葵形）各 1 个，咖啡勺 1 把

做法
1. 将牛奶泡从装有意式浓缩咖啡的咖啡杯的中心点缓缓注入，直至牛奶泡浮现。
2. 待咖啡杯八分满时，收住流量。
3. 用咖啡勺在拉花缸中舀出少许牛奶泡，轻轻地淋在杯子中心处。
4. 将咖啡杯的边缘用咖啡勺均匀抹上牛奶泡。
5. 将模具罩在杯上，均匀地撒上巧克力粉，至图像清晰显现。
6. 可爱的向日葵便会向你微笑了。

流逝的光阴

原料
意式浓缩咖啡 60 毫升，牛奶泡、巧克力粉各适量

工具
撒粉器、裱花模具（钟表形）各 1 个

做法
1. 轻轻晃动拉花缸和装有意式浓缩咖啡的咖啡杯。
2. 将牛奶泡缓缓注入咖啡杯中待白点出现，收住牛奶泡流量。
3. 将牛奶泡着重倾注到杯中，形成白色圆圈。
4. 待白色圆圈占满咖啡杯。
5. 取来模具盖在杯上，均匀地撒出装在撒粉器中的巧克力粉。
6. 钟表的样子便会清晰地呈现在咖啡中了。

启明星

原料

意式浓缩咖啡 30 毫升，牛奶泡、巧克力粉各适量，四叶草 3 片

工具

竹签 1 支，撒粉器 1 个

做法

1. 将装有意式浓缩咖啡的咖啡杯倾斜约 20 度，拉花缸紧贴咖啡杯边缘，注入牛奶泡。
2. 拉花缸慢慢后移，加大力度，继续注入牛奶泡。
3. 沿顺时针方向旋转注入牛奶泡。
4. 保持旋转方向不变，慢慢减小注入力度至杯满。
5. 撒上半月形的巧克力粉，用四叶草点缀。
6. 挑取少量巧克力粉在咖啡液上，用竹签将巧克力粉向四周推开，形成星星形状即可。

咖啡物语

　　在购买时注意咖啡豆的颜色和颗粒的大小是否一致，好的咖啡豆外表有光泽，并带有浓郁的香气。

心形萝卜

原料
意式浓缩咖啡 30 毫升，牛奶泡适量

做法
1. 将装有意式浓缩咖啡的咖啡杯倾斜约 25 度，牛奶泡徐徐注入咖啡杯中至白色圆点出现。
2. 放平咖啡杯，从中心点注入牛奶泡。
3. 继续注入牛奶泡，同时慢慢地倾斜咖啡杯。
4. 咖啡杯再放平，缸嘴开始左右晃动。
5. 当液面上出现心形图案后，缸嘴向前冲至边缘处，收住牛奶泡。
6. 就这样，心形萝卜的图案就呈现在眼前了。

美丽心情

原料
意式浓缩咖啡 30 毫升，牛奶泡适量

工具
竹签 1 支，咖啡勺 1 把

做法
1. 将牛奶泡徐徐地注入装有意式浓缩咖啡的杯中。
2. 移动注入点至液面的边缘。
3. 保持牛奶泡的注入量至八分满。
4. 放缓牛奶泡的注入速度至满杯。
5. 将咖啡杯放在桌上，用咖啡勺舀取少许牛奶泡，滴在液面上。
6. 用竹签从各个牛奶泡的中心处轻轻地拉出一条细线。
7. 再在每滴牛奶泡的下方画上线条。
8. 最后在液面上点出几个小点，这时喝咖啡的心情便顿时开朗了。

麦穗

原料

意式浓缩咖啡 30 毫升，牛奶泡、巧克力酱各适量

工具

竹签 1 支

做法

1. 拉花缸靠近装有意式浓缩咖啡的咖啡杯，注入牛奶泡。
2. 缸嘴下压，持续注入。
3. 拉花缸左右晃动，图案开始显示，缸嘴前移，使叶子的中心线条显示出来。
4. 用巧克力酱在边缘淋出 3 个圆圈。
5. 用竹签画弧线穿过圆圈。
6. 图案完成即可。

咖啡物语

  如果想要麦穗更多，可以用巧克力酱多画一些小圆。

花与叶

原料
意式浓缩咖啡 30 毫升，牛奶泡、巧克力酱、咖啡豆各适量

工具
温度计 1 支

做法
1. 拉花缸靠近倾斜的装有意式浓缩咖啡的咖啡杯，注入牛奶泡。
2. 缸嘴缓缓下压，持续注入牛奶泡。
3. 当融合至八分满后，左右晃动缸嘴，使弧形线条图案产生。
4. 当弧形线条呈水波纹方式移动时，缸嘴开始边晃边向后移动。
5. 缸嘴移至杯子边缘后向前推动，勾画出叶子的中心线条，稍加修饰，让叶子更完整。
6. 用巧克力酱淋出圆形，然后用温度计在圆形上勾花，加咖啡豆点缀即可。

海星

原料
意式浓缩咖啡 60 毫升，牛奶泡、巧克力酱各适量

工具
竹签、温度计各 1 支

做法
1. 拉花缸紧贴装有意式浓缩咖啡的咖啡杯沿，注入牛奶泡。
2. 取咖啡中心点，持续注入牛奶泡。
3. 缸嘴下压，流注变大。
4. 杯满时，在注入点留出牛奶泡痕迹。
5. 以牛奶泡为中心，用巧克力酱画圆。
6. 用竹签从圆内向圆外拨开巧克力酱。
7. 用温度计从圆外向圆内勾出花纹。
8. 稍加修饰，海星便出现在咖啡中了。

弯叶心语

原料

意式浓缩咖啡 60 毫升，牛奶泡适量

工具

咖啡勺 1 把，温度计 1 支

做法

1. 拉花缸贴着装有意式浓缩咖啡的咖啡杯沿，注入牛奶泡。
2. 左右晃动缸嘴，使倒入的牛奶泡形状越来越细，晃动幅度慢慢减小。
3. 注入牛奶泡至杯满。
4. 用咖啡勺取少许牛奶泡淋于咖啡液上。
5. 将牛奶泡抹成圆形。
6. 用温度计将圆形牛奶泡画成心形，图案便已完成。

咖啡物语

　　不要用咖啡勺舀着咖啡一勺一勺地慢慢喝，也不要用咖啡勺来捣碎杯中的方糖。

心连心

原料

意式浓缩咖啡 30 毫升，牛奶泡适量

做法

1. 拉花缸贴着装有意式浓缩咖啡的咖啡杯缘，注入牛奶泡。
2. 缸嘴缓缓上移，匀速注入牛奶泡。
3. 注入至六分满时，将拉花缸向后拉至靠杯边缘处，杯子微倾。
4. 拉花缸缸嘴左右晃动，使图案线条呈现水波纹方式。
5. 拉花缸向前移动使图案线条受到拉动，形成心形。
6. 在心形尾部拉出弧线，迅速收掉牛奶泡，让底部心形成形。
7. 心连心图案便完成了。

维也纳之恋

原料

意式浓缩咖啡 30 毫升，牛奶泡、巧克力酱各适量

做法

1. 拉花缸贴着装有意式浓缩咖啡的咖啡杯缘注入牛奶泡。
2. 缸嘴下压，持续注入牛奶泡。
3. 保持注入点不变，逐渐加大牛奶泡的注入流量。
4. 注入至满杯时，迅速收住。
5. 开始用巧克力酱在牛奶泡上淋图案。
6. 用巧克力酱淋出流畅的螺旋状。
7. 逐渐淋出完整的音符图案即可。

心形花

原料
意式浓缩咖啡 60 毫升，牛奶泡、巧克力酱各
适量

工具
温度计 1 支

做法

1. 拉花缸贴近装有意式浓缩咖啡的咖啡杯，
   注入牛奶泡。
2. 缸嘴下压，注入牛奶泡至杯满。
3. 取牛奶泡铺在咖啡上，让表面呈七分白。
4. 用温度计在咖啡和牛奶泡上勾花。
5. 用巧克力酱淋出心形图案。
6. 用巧克力酱淋出两个圆形图案。
7. 温度计从心形和圆形图案中间穿过，稍加
   修饰即成完整图案。

小雪人

原料
意式浓缩咖啡 30 毫升，牛奶泡适量

工具
咖啡勺 1 把，竹签 1 支

做法

1. 咖啡杯倾斜，向意式浓缩咖啡中徐徐注入
   牛奶泡。
2. 把拉花缸缸嘴移至咖啡杯中央，加大注入
   流量。
3. 液体达到满杯时，收住牛奶泡。
4. 用咖啡勺将牛奶泡盛在液面上。
5. 取竹签蘸上咖啡在脸部画上表情，再画出
   围巾和衣服的扣子。
6. 在头部的上方画出帽子，再用竹签蘸取牛
   奶泡，在液面上点上圆点。
7. 就这样，小雪人的图案就完成了。

大风车

原料

意式浓缩咖啡 30 毫升，牛奶泡、巧克力酱各适量

工具

温度计 1 支

做法

1. 拉花缸贴近装有意式浓缩咖啡的咖啡杯沿，注入牛奶泡。
2. 缸嘴下压，持续注入，牛奶泡浮上来，在咖啡液上呈现五分白。
3. 用巧克力酱在牛奶泡中淋出漩涡状图案。
4. 用温度计从圆形的外侧至中心沿曲线切入。
5. 依次画完整幅图案。
6. 将中心处的巧克力酱调匀即可。

咖啡物语

如果想要风车的层次更多，只要增加圆圈的数量就可以了。

映像

原料
意式浓缩咖啡 30 毫升，牛奶泡、巧克力粉各适量

工具
撒粉器 1 个，裱花模具（齿轮形）1 个

做法

1. 将装有意式浓缩咖啡的咖啡杯微微倾斜，拉花缸贴近咖啡杯边缘，注入牛奶泡。
2. 再次将拉花缸贴近咖啡杯，加大力度，注入牛奶泡至杯满。
3. 取齿轮形模具于咖啡杯上方，依图所示操作。
4. 把巧克力粉撒在模具上，让巧克力粉在咖啡表面形成半个齿轮。
5. 依照之前步骤完成另一半齿轮。
6. 两次操作完成，图案完成即可。

咖 啡 物 语

　　这一款咖啡，在制作时也可以用抹茶粉代替巧克力粉。

女士的礼物

原料
意式浓缩咖啡 60 毫升，牛奶泡、巧克力粉各适量

工具
撒粉器、裱花模具（女包形）各 1 个

做法
1. 将装有意式浓缩咖啡的咖啡杯倾斜 17 度，将拉花缸缸嘴渐渐贴近咖啡杯。
2. 徐徐倒入牛奶泡至四分满，此时出现堆积牛奶泡，稍稍加快牛奶泡的注入速度，同时慢慢放平咖啡杯，至液面全白。
3. 将模具罩在咖啡杯上，并向后移动模具，留出月牙的形状。
4. 轻轻拍打撒粉器至巧克力粉均匀地铺在牛奶泡上，这个"女士包"就属于你啦！

记忆年轮

原料
意式浓缩咖啡 30 毫升，牛奶泡、鲜奶各适量

工具
竹签 1 支

做法
1. 将装有意式浓缩咖啡的咖啡杯微微倾斜。
2. 将牛奶泡从液面的中心点注入。
3. 保持动作不变，至四分满。
4. 稍稍加快牛奶泡的注入速度使液面出现环形的乳白色圈，同时慢慢放平咖啡杯。
5. 咖啡杯放在桌上，从杯的中心处倒入鲜奶，至满杯。
6. 在液面的中心用竹签轻轻地画圈，仿佛记忆也从此处慢慢回转了。

蝶恋花

原料

意式浓缩咖啡 30 毫升，牛奶泡适量

工具

竹签 1 支，咖啡勺 1 把

做法

1. 将装有意式浓缩咖啡的咖啡杯微微倾斜，拉花缸旋转注入牛奶泡。
2. 慢慢放平咖啡杯，上、下回旋注入牛奶泡至杯满。
3. 从拉花缸中取牛奶泡点于咖啡液中间，用竹签划过圆形牛奶泡中央。
4. 绘制出蝴蝶图案。
5. 用咖啡勺取 3 滴牛奶泡点于蝴蝶图案上方。
6. 用竹签横竖划过牛奶泡，形成花朵图案。

咖啡物语

用竹签画图案时，动作要轻。

走在雨中

原料
意式浓缩咖啡 60 毫升，牛奶泡、巧克力粉各适量

工具
撒粉器、裱花模具（雨伞形）各1个

做法
1. 将拉花缸轻轻摇晃后，渐渐地贴近装有意式浓缩咖啡的咖啡杯。
2. 徐徐注入牛奶泡，使堆积的牛奶泡占满咖啡杯的杯口。
3. 将模具盖在杯上，用撒粉器均匀撒上巧克力粉至形状形成。
4. 好了，现在就可以来品味这份充满雨后浪漫和激情的咖啡了。

跳动的音符

原料
意式浓缩咖啡 30 毫升，巧克力酱、牛奶泡各适量

工具
温度计1支

做法
1. 拉花缸贴近装有意式浓缩咖啡的咖啡杯，咖啡杯倾斜 20 度。
2. 牛奶泡沿边缘注入咖啡杯中。
3. 改变注入点，匀速注入至五分满。
4. 将牛奶泡盛在咖啡的液面上。
5. 将巧克力酱横向挤在牛奶泡的一边。
6. 用巧克力酱在牛奶泡另一边挤出两个圆圈。
7. 用温度计在巧克力酱上纵向划几道，形成图案。
8. 再用温度计由内到外将两个圆圈划几道，就形成完整图案了。

月亮

原料
意式浓缩咖啡 30 毫升，牛奶泡、巧克力粉各适量

工具
撒粉器 1 个，竹签 1 支

做法
1. 将装有意式浓缩咖啡的咖啡杯稍微倾斜至贴近拉花缸，慢慢地注入牛奶泡至杯中。
2. 缸嘴轻微地向后晃动。
3. 缸嘴紧贴杯沿，匀速注入牛奶泡至满杯。
4. 用撒粉器在咖啡杯的右上方撒出巧克力粉。
5. 用竹签蘸取咖啡，画出上眼睑，快速地用竹签勾出鼻子。
6. 画出睫毛和下眼睑。
7. 再画上眼珠子。
8. 最后画上嘴巴，月亮图案就形成了。

满天心

原料
意式浓缩咖啡 30 毫升，牛奶泡适量

工具
咖啡勺 1 把，竹签 1 支

做法
1. 将装有意式浓缩咖啡的咖啡杯倾斜 20 度，用拉花缸将牛奶泡匀速注入咖啡杯中。
2. 降低拉花缸，咖啡杯放平，加大流量，左右晃动缸嘴至出现白点。
3. 注入点移至杯边缘。
4. 缸嘴迅速向前冲，拉出形状。
5. 用咖啡勺舀取牛奶泡，在杯子边缘处铺上白点。
6. 圆点要对称。
7. 用竹签划过两个点，形成心形。
8. 再划过另两个点，满天心的图案就形成了。

神圣教堂

原料
意式浓缩咖啡 60 毫升，牛奶泡适量

工具
竹签 1 支

做法

1. 将牛奶泡徐徐地注入装有意式浓缩咖啡的咖啡杯中，咖啡杯保持倾斜 15 度。
2. 继续在原注点注入牛奶泡，加大流量，咖啡杯慢慢地向水平方向倾斜。
3. 用竹签蘸取牛奶泡，在液体的表面画出教堂的轮廓。
4. 在教堂的前面画出平地。
5. 在轮廓里画出大门和窗户，再画上教堂左边的围栏。
6. 继续画出右边的围栏，在教堂前方画上神圣的石子路，图案就形成了。

咖啡物语

这款咖啡十分香浓，适合正徜徉在爱情海中的女子。

银杏

原料
意式浓缩咖啡 30 毫升，牛奶泡适量

工具
温度计 1 支

做法
1. 将咖啡杯盛入 30 毫升意式浓缩咖啡，拉花缸盛入适量牛奶泡。
2. 咖啡杯微倾，拉花缸紧贴咖啡杯，注入牛奶泡。
3. 左右晃动拉花缸，使牛奶泡形成纹状。
4. 注入牛奶泡至杯满，让牛奶泡呈现叶片形态。
5. 用温度计由边缘至内侧划开叶片。
6. 完成图案即可。

咖 啡 物 语

倒入牛奶泡前，可以在意式浓缩咖啡上撒上巧克力粉，这样形成的图案会更清楚。

三叶草

原料
意式浓缩咖啡 30 毫升，牛奶泡适量

工具
竹签 1 支

做法
1. 将装有意式浓缩咖啡的咖啡杯倾斜 15 度，从咖啡杯的中心点徐徐注入牛奶泡。
2. 抬高拉花缸，缸嘴绕圈向杯中注入牛奶泡。
3. 降低拉花缸，停止晃动，继续匀速注入牛奶泡至满杯，放平咖啡杯。
4. 取竹签蘸取适量的牛奶泡，在咖啡杯液体的表面画上三点。
5. 再用竹签拉出一条线。
6. 按照同样的方法画出同样的图案。
7. 竹签再蘸取牛奶泡，在图案下方画上小点。
8. 最后，在上方也画上小点，代表幸运的"三叶草"的图案就形成了。

心心相连

原料
意式浓缩咖啡 30 毫升，巧克力粉、牛奶泡各适量

工具
撒粉器 1 个，裱花模具（心形）1 个

做法
1. 将装有意式浓缩咖啡的咖啡杯稍微倾斜，牛奶泡匀速注入咖啡杯中。
2. 缓缓放平咖啡杯，将牛奶泡保持匀速注入。
3. 升高拉花缸的高度，缸嘴向后移动再绕小圈，继续注入牛奶泡至七分满，咖啡杯向水平方向倾斜。
4. 缸嘴向右推动至满杯，快速收掉牛奶泡。
5. 将咖啡杯放在吧台上。
6. 取模具罩在咖啡杯上，撒粉器置于距离模具 3 厘米的上方处。
7. 撒出巧克力粉，形成心形图案。

太阳花

原料
意式浓缩咖啡 60 毫升，牛奶泡适量

工具
竹签 1 支

做法
1. 拉花缸紧贴装有意式浓缩咖啡的咖啡杯边缘，注入牛奶泡。
2. 拉花缸稍稍上提，匀速注入，缸嘴下压，注入牛奶泡至杯满。
3. 用牛奶泡将咖啡边缘涂白，在咖啡中心点缀牛奶泡。
4. 用竹签由咖啡的中心向四周画直线。
5. 用竹签在牛奶泡中心画出放射状图案。
6. 在咖啡中心点注入牛奶泡，让图案渐渐浮出来。

咖啡物语
　　若觉得图案不够明显，也可以减少牛奶泡的注入量。

魅力玫瑰

原料

意式浓缩咖啡 30 毫升，牛奶泡适量

工具

竹签 1 支

做法

1. 将装有意式浓缩咖啡的咖啡杯稍微倾斜，拉花缸贴近咖啡杯，匀速将牛奶泡注入咖啡杯中。
2. 倾斜度减小，继续注入牛奶泡。
3. 待表面出现大面积的牛奶泡，拉花缸开始左右轻微晃动。
4. 减小牛奶泡的注入量，注入点移动到咖啡边缘处。
5. 咖啡杯放置在桌上。
6. 取竹签蘸取咖啡，找准位置后画上花蕊。
7. 按逆时针的方向勾勒出螺旋状。
8. 玫瑰的图案就形成了。

树之恋

原料

意式浓缩咖啡 30 毫升，牛奶泡适量

工具

竹签 1 支

做法

1. 将装有意式浓缩咖啡的咖啡杯倾斜 15 度，从咖啡杯的中心点徐徐注入牛奶泡至白圆圈出现。
2. 保持原注点，继续注入牛奶泡。
3. 加大注入流量并向前推动。
4. 降低拉花缸的高度，减小注入流量。
5. 待液体至九分满时，将咖啡杯向水平方向缓缓移动。
6. 减小牛奶泡的注入流量，开始左右甩动缸嘴，使树形图案出现。
7. 用竹签蘸取咖啡，在一棵树上画上树枝。
8. 画出另一棵树的树枝，图案就完成了。

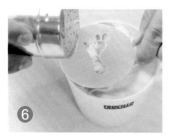

海边的小脚丫

原料

意式浓缩咖啡 30 毫升，巧克力粉、牛奶泡各适量

工具

撒粉器 1 个，裱花模具（脚丫形）1 个

做法

1. 将装有意式浓缩咖啡的咖啡杯倾斜 20 度，拉花缸贴近咖啡杯，从液体的边缘小流量地注入牛奶泡。
2. 加大注入流量，缸嘴沿顺时针方向绕圈，保持注入的速度，开始左右晃动缸嘴并向后移动至液体边缘。
3. 缸嘴迅速右移，拉出纹路。
4. 继续晃动缸嘴，向后拉，注入流量慢慢减小。
5. 将模具贴近液面。
6. 用撒粉器撒出巧克力粉，脚丫图案就形成了。

咖啡物语

　　此款咖啡的制作非常简单，初学者可以尝试用模具来制作拉花图案。

落叶

原料

意式浓缩咖啡 30 毫升，牛奶泡适量

工具

竹签 1 支

做法

1. 将装有意式浓缩咖啡的咖啡杯稍稍倾斜，从咖啡杯的中心点注入小流量的牛奶泡。
2. 加大注入流量，拉花缸向后移动。
3. 保持注入的速度至液面堆积大面积牛奶泡痕迹。
4. 拉花缸迅速向前推动至液体边缘，同时轻微晃动缸嘴至心形图案出现，翘起缸嘴。
5. 将咖啡杯摆放在桌面上。
6. 取竹签蘸取咖啡，勾出叶子的主纹路。
7. 继续画出叶子的小纹路。
8. 用竹签沿着牛奶泡的边缘迅速画出叶柄，叶子图案就形成了。

香草咖啡

原料

意式浓缩咖啡 60 毫升，牛奶泡适量

工具

竹签 1 支

做法

1. 将装有意式浓缩咖啡的咖啡杯倾斜 25 度，拉花缸与咖啡杯距离约 5 厘米高度，将牛奶泡缓缓注入咖啡杯中。
2. 保持注入的速度，缸嘴开始向后移动。
3. 继续注入牛奶泡至满杯。
4. 取竹签，蘸取牛奶泡在液体表面画上第一棵小草。
5. 继续画上第二棵小草。
6. 再蘸取牛奶泡，画上第三棵小草。
7. 继续画出第四棵小草。
8. 最后，再画出小点，图案就完成了。

笑脸

原料
意式浓缩咖啡 30 毫升，牛奶泡适量

工具
咖啡勺 1 把，竹签 1 支

做法
1. 将装有意式浓缩咖啡的咖啡杯倾斜 20 度，缸嘴贴近杯沿，从液体边缘注入牛奶泡。
2. 注入点移至左侧并加大流量。
3. 咖啡杯缓缓地向水平方向移动，牛奶泡继续注入至满杯。
4. 用咖啡勺舀取牛奶泡铺满液面。
5. 将咖啡杯放在桌面上。
6. 用竹签蘸取咖啡，画出眉毛、眼睛、鼻子和嘴巴。
7. 再画出一个圆。
8. 在圆的上方由外到内勾出头发，再将剩余部分勾出纹路，图案就形成了。

诗情画意

原料
意式浓缩咖啡 30 毫升，巧克力酱、牛奶泡各适量

工具
咖啡勺 1 把，竹签 1 支

做法
1. 拉花缸贴近装有意式浓缩咖啡的咖啡杯，缓缓注入牛奶泡至咖啡杯中。
2. 稍微抬高拉花缸，继续注入牛奶泡。
3. 拉花缸放低，缸嘴逆时针绕圈。
4. 拉花缸再放低，流量迅速加大，满杯后缸嘴向后一拉，出现圆点。
5. 用咖啡勺将牛奶泡盛在圆点的左上方。
6. 用竹签在圆点上画"米"字，形成两朵小花。
7. 用巧克力酱在液面的边缘处挤上一条线。
8. 最后，用竹签勾出花纹，图案就形成了。

雪地娃娃

原料
意式浓缩咖啡 30 毫升，牛奶泡适量

工具
竹签 1 支

做法
1. 将拉花缸贴近装有意式浓缩咖啡的咖啡杯边缘，注入牛奶泡。
2. 将缸嘴下压，注入牛奶泡至杯内变白。
3. 稍作停顿，在同一注入点再次注入至杯满即止。
4. 用竹签蘸取咖啡画斜线，开始勾勒雪地娃娃的头饰图案。
5. 画出雪地娃娃的头饰。
6. 为雪地娃娃点缀眼睛、嘴巴即可。

咖 啡 物 语
香浓的咖啡配上可爱的图案，请尽情享受这一份美好吧！

小叶窗

原料

意式浓缩咖啡 30 毫升，牛奶泡适量

工具

竹签 1 支

做法

1. 将装有意式浓缩咖啡的咖啡杯约倾斜 15 度，拉花缸和咖啡距离 15~20 厘米高度，至边缘开始旋转注入牛奶泡至杯满。
2. 用竹签蘸取牛奶泡于咖啡液中心，绘制图案。
3. 用竹签蘸取牛奶泡绘制叶子图案。
4. 如图依次绘制。
5. 用竹签在叶片上下各绘一条横线，再绘制竖线。
6. 取少许牛奶泡点缀图案即可。

咖啡物语

刚制作时，注入牛奶泡的量不可过多。

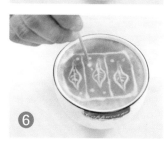

咖啡杯

原料
意式浓缩咖啡 30 毫升，牛奶泡、巧克力粉各适量

工具
竹签1支

做法
1. 咖啡杯中倒入巧克力粉，再徐徐注入牛奶泡，待液面中心浮现白点。
2. 慢慢移动拉花缸，使牛奶泡在液面中心点左侧注入。
3. 此时椭圆形的牛奶泡面积扩大，压低拉花缸，注满咖啡杯。
4. 用竹签蘸取咖啡，轻轻画出咖啡杯的弧形底座。
5. 再描出咖啡杯的轮廓。
6. 最后轻轻地勾上几笔蒸汽的形状。
7. 热气腾腾的咖啡就静静地等着你了。

风扇叶片

原料
意式浓缩咖啡 30 毫升，牛奶泡、巧克力粉各适量

工具
撒粉器1个，裱花模具（风扇叶片形）1个

做法
1. 将装有意式浓缩咖啡的咖啡杯微微倾斜，拉花缸贴近咖啡杯边缘，注入牛奶泡。
2. 注入点朝边缘移动，持续注入牛奶泡。
3. 固定注入点，加大拉花缸的倾斜度，让牛奶泡的注入力度加大。
4. 注入牛奶泡至八分满时，放缓注入力度。
5. 让牛奶泡注入后呈螺旋状。
6. 持续注入牛奶泡至杯满。
7. 取风扇叶片形模具放在咖啡杯上方。
8. 用撒粉器撒巧克力粉于模具上，形成完整图案。

锚

原料
意式浓缩咖啡 30 毫升，牛奶泡、巧克力粉各适量

工具
撒粉器 1 个，裱花模具（锚形）1 个

做法
1. 将装有意式浓缩咖啡的咖啡杯约倾斜 15 度，拉花缸和咖啡杯距离 15~20 厘米，取咖啡中心点匀速注入牛奶泡。
2. 逐渐提高拉花缸，沿顺时针方向注入牛奶泡。
3. 继续提高拉花缸高度，注入牛奶泡，慢慢减小注入力度。
4. 将牛奶泡注入至杯满后放平咖啡杯，将牛奶泡淋于咖啡液上，抹平。
5. 取锚形模具放置在咖啡杯上方。
6. 取撒粉器放在距模具 5 厘米的上方处，晃动撒粉器让巧克力粉撒出，形成图案即可。

咖啡物语
如果没有模具，也可以取一片干净的纸板，自己制作喜欢的图案。

回忆

原料
意式浓缩咖啡 30 毫升，牛奶泡、巧克力粉各适量

工具
竹签 1 支

做法

1. 将咖啡杯倾斜 15 度，拉花缸和咖啡杯距离 15~20 厘米高度，匀速注入牛奶泡。
2. 逐渐放平咖啡杯，注入牛奶泡。
3. 拉花缸移至咖啡杯的边缘，注入牛奶泡至杯满。
4. 用竹签在拉花缸中蘸取牛奶泡，于咖啡液正中画出线条。
5. 蘸取牛奶泡绘制晾晒的第一张照片图案。
6. 画出第二张照片图案，再画第三张照片图案。依法绘制多张照片图案。
7. 竹签蘸取牛奶泡画出字母，稍加点缀即可。

月光曲

原料
意式浓缩咖啡 30 毫升，牛奶泡、巧克力酱各适量

工具
温度计 1 支

做法

1. 将意式浓缩咖啡倒入咖啡杯中。
2. 拉花缸贴着杯沿，注入牛奶泡。
3. 当注入至九分满时，左右晃动拉花缸，使弧形线条产生。
4. 缸嘴下压，使流注增大，淋出叶片形状的图案。
5. 用巧克力酱围绕叶片画出弧线。
6. 用温度计在弧线上画回纹状。
7. 依次画完整条弧线。
8. 稍加修饰，便可凝神倾听月光曲。

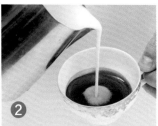

美丽的月环

原料

意式浓缩咖啡 30 毫升，牛奶泡、巧克力粉各适量

工具

撒粉器、裱花模具（圆环形）各1个

做法

1. 将牛奶泡徐徐倒入装有意式浓缩咖啡的咖啡杯，待融合。
2. 再次倒入牛奶泡，在杯中形成白色圆点。
3. 加大牛奶泡的流量至白色圆环浮现。
4. 缓缓注入牛奶泡，待液面全白。
5. 将模具罩在杯上，用撒粉器均匀撒上巧克力粉。
6. 就这样，美丽的月环呈现在你眼前了。

咖啡物语

此份咖啡是陪你度过漫漫长夜的忠实伙伴。

PART 4

梦幻拉花咖啡

此部分与咖啡文化密切相关，蕴含着制作者对咖啡的一些体会与感悟。一杯咖啡中，滋味丰富，万千风情都会从味蕾的深处而来，然后直抵内心，幻化成万千思绪。

雪地里的小画家

原料
意式浓缩咖啡 30 毫升，牛奶泡适量

工具
竹签 1 支

做法
1. 将牛奶泡徐徐注入装有意式浓缩咖啡的咖啡杯中。
2. 慢慢抬高拉花缸并左右移动缸嘴，至液面的白色圈扩大。
3. 杯子满后平放在桌上。
4. 竹签蘸取咖啡，轻轻地滴在牛奶泡上。
5. 待咖啡晕开，再在上方补上弧形的小点。
6. 最后用牛奶泡分出脚趾，"雪地里的小画家"图案就完成了。

黑白芭蕾

原料
意式浓缩咖啡 30 毫升，牛奶泡、巧克力酱各适量

工具
温度计 1 支

做法
1. 拉花缸接近装有意式浓缩咖啡的咖啡杯的侧壁注入牛奶泡。
2. 将拉花缸上下移动注入牛奶泡至五分满，缸嘴贴近咖啡杯固定。
3. 缸嘴下压，注入力度加大，至杯满。
4. 用温度计从咖啡上勾线到牛奶泡上。
5. 在咖啡边缘勾出完整的花形。
6. 用巧克力酱淋出圆形，再用温度计至从中心向外侧勾出如图的花形。
7. 如芭蕾舞姿般曼妙的图案就显现在香浓的咖啡上了。

命运之轮

原料
意式浓缩咖啡 60 毫升，牛奶泡适量

工具
温度计 1 支

做法

1. 取意式浓缩咖啡 60 毫升、牛奶泡适量，拉花缸距离咖啡杯 10 厘米左右，开始注入牛奶泡。
2. 缸嘴下压注入牛奶泡。
3. 缸嘴贴近咖啡杯杯沿，注入牛奶泡至满杯。
4. 取牛奶泡淋于咖啡液上，呈现十字形。
5. 用温度计从咖啡液中心开始画旋涡状线条。
6. 图案完成即可。

 咖啡物语

　制作此款咖啡时，可以依据个人喜好撒上少许肉桂粉。

地中海风情

原料
意式浓缩咖啡 30 毫升，牛奶泡、巧克力酱各适量

工具
温度计 1 支

做法

1. 取意式浓缩咖啡 30 毫升、牛奶泡适量。
2. 拉花缸距离咖啡杯约 8 厘米高度，注入牛奶泡。
3. 拉花缸缓缓上提，匀速注入牛奶泡。
4. 注入牛奶泡至杯满。
5. 取牛奶泡点于咖啡中心位置。
6. 用巧克力酱淋出漩涡图案。
7. 用温度计从圆形的外侧至中心沿曲线切入，再反方向操作一次。
8. 图案完成即可。

心火

原料
意式浓缩咖啡 30 毫升，牛奶泡适量

工具
咖啡勺 1 把，温度计 1 支

做法

1. 用拉花缸将牛奶泡徐徐注入装有意式浓缩咖啡的咖啡杯。
2. 将缸嘴向后移至液体边缘处。
3. 将缸嘴向前推动且加大牛奶泡的注入量。
4. 左右摆动缸嘴，慢慢向后拉，流速变慢，形成图案。
5. 用咖啡勺将牛奶泡铺在液面上。
6. 继续将牛奶泡铺在液面上。
7. 用温度计勾出叶子的中心线条。
8. 再从小圆的中心划过形成心形，完整的图案就形成了。

等待

原料

意式浓缩咖啡 30 毫升，牛奶泡适量

工具

竹签 1 支

做法

1. 将装有意式浓缩咖啡的咖啡杯微微倾斜，拉花缸贴近咖啡杯沿，快速注入牛奶泡。
2. 上下回旋注入牛奶泡。
3. 慢慢拉高拉花缸高度，咖啡杯逐渐放平，牛奶泡保持匀速注入直至满杯。
4. 用竹签蘸取牛奶泡在咖啡液中心绘制图案。
5. 用竹签绘制圆形图案，再绘制出心形图案。
6. 取少量牛奶泡点于咖啡上即可。

咖 啡 物 语

　　这一款咖啡制作简单，图案可以依据个人喜好随意变化。

心灵之窗

原料

意式浓缩咖啡 30 毫升，牛奶泡适量

工具

竹签 1 支

做法

1. 将装有意式浓缩咖啡的咖啡杯微微倾斜，拉花缸距离咖啡杯 15 厘米左右的高度，注入牛奶泡。

2. 逐渐放平咖啡杯，继续注入牛奶泡至满杯。

3. 取竹签于拉花缸中蘸取牛奶泡，绘制"口"形轮廓。

4. 绘制"回"形轮廓。

5. 绘制心形图案。

6. 取少许牛奶泡，点于心形图案四周。

咖啡物语

咖啡豆咬起来清脆有声、齿颊留香才是上品。

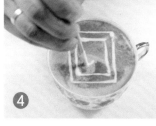

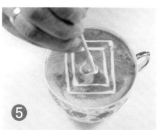

心包叶

原料
意式浓缩咖啡 30 毫升，牛奶泡、巧克力粉各适量

工具
撒粉器 1 个

做法
1. 将咖啡杯放在桌上，用撒粉器撒入巧克力粉。从杯子的中心点徐徐注入牛奶泡。
2. 上下拉动拉花缸，注入牛奶泡待其浮现。
3. 压低拉花缸缸嘴，此时液面呈现大面积的椭圆形。
4. 向后缓缓移动拉花缸，小幅度摆动缸嘴，此时出现牛奶泡的细条纹理。
5. 立即提高拉花缸，向前冲入牛奶泡直至液面边缘。
6. 缓缓收住牛奶泡流量。
7. 一颗"真心"就出现啦！

晚风细雨

原料
意式浓缩咖啡 30 毫升，巧克力粉、牛奶泡各适量

工具
咖啡勺 1 把，竹签 1 支

做法
1. 将巧克力粉撒入咖啡杯中，接着徐徐倒入牛奶泡。
2. 移动注入点到液面左侧。
3. 匀速地注入牛奶泡至五分满。
4. 牛奶泡流量稍微加大至满杯。
5. 用咖啡勺舀出适量牛奶泡淋在液面上，围成圆圈。
6. 用竹签蘸取咖啡，画出树叶。
7. 再轻轻勾出树干。
8. 最后在树的右侧拉出几缕清风，就完成这份咖啡了。

心草

原料

意式浓缩咖啡 30 毫升，牛奶泡适量

工具

竹签 1 支

做法

1. 将装有意式浓缩咖啡的咖啡杯平放，缓缓注入牛奶泡。
2. 上下拉动拉花缸，将牛奶泡着重砸入到咖啡液面下，保持注入点不动，至满杯。
3. 用竹签蘸取牛奶泡画出心形叶子。
4. 再勾出枝干并写上英文字母。
5. 最后用竹签轻轻地点上一排露珠。
6. 这样就制作好这份咖啡了。

咖啡物语

别让心草荒芜了，它也能结出爱的果实。

神话

原料

意式浓缩咖啡 30 毫升，牛奶泡、鲜奶各适量

工具

竹签 1 支

做法

1. 将牛奶泡徐徐倒入咖啡杯中。
2. 放低拉花缸，持续注入至边缘出现堆积牛奶泡痕迹。
3. 向前移动注入点至杯中七分满。
4. 将拉花缸拉到液面的边缘处，使边缘的牛奶泡面积扩大。
5. 缓缓甩动拉花缸的缸嘴至牛奶泡晕开。
6. 将咖啡杯放在桌上，待牛奶泡铺开，用竹签在杯的中轴线上向前打出旋涡状。
7. 再在牛奶泡上用蘸了咖啡的竹签画出月牙，用牛奶泡在液面的另一边点出太阳形状。
8. 最后用少许鲜奶给月牙抹上一层月晕即可。

千叶舞

原料

意式浓缩咖啡 30 毫升，牛奶泡适量

工具

竹签 1 支

做法

1. 将牛奶泡缓缓倒入装有意式浓缩咖啡的咖啡杯中。
2. 渐渐移动注入点至液面边缘处。
3. 再拉回拉花缸至液面浮起牛奶泡。
4. 压低缸嘴使牛奶泡冲出旋涡状。
5. 另选注入点注入牛奶泡。
6. 左右晃动缸嘴使牛奶泡呈波纹状。
7. 迅速提起拉花缸，收住牛奶泡。
8. 用竹签蘸取咖啡，点出斑点即可。

真心真意

原料

意式浓缩咖啡60毫升，牛奶泡、抹茶粉、奶油、巧克力各适量

工具

撒粉器、裱花模具（心形）各1个，齿刀1把

做法

1. 将意式浓缩咖啡倒入咖啡杯中，静置一会儿，待液面静止。
2. 从咖啡杯的中心点注入牛奶泡，左右甩动拉花缸的缸嘴。
3. 当牛奶泡呈椭圆形状时，加大牛奶泡的注入量。
4. 牛奶泡铺满液面时，放缓牛奶泡的注入速度，至满杯。
5. 将模具罩在咖啡杯上，用撒粉器均匀地撒上抹茶粉，再将奶油沿着杯口挤上一圈。
6. 最后用齿刀刮些巧克力碎即可。

（咖啡物语）

　　奶油和巧克力是品尝咖啡味道的两个通道，这两者对咖啡爱好者是不可或缺的。

浪漫气息

原料
意式浓缩咖啡 30 毫升，牛奶泡适量

工具
咖啡勺 1 把，竹签 1 支

做法
1. 将装有意式浓缩咖啡的咖啡杯稍微倾斜，拉花缸贴近咖啡杯，牛奶泡匀速注入杯中。
2. 继续在原注点注入牛奶泡至七分满，同时咖啡杯慢慢向水平方向倾斜。
3. 取咖啡勺刮出牛奶泡，在液体表面均匀地铺上三个点。
4. 用竹签在每个牛奶泡上沿边缘拉出细线。
5. 竹签蘸取咖啡，在其中一个气球上画爱心。
6. 在第二个气球上画上小点。
7. 在第三个气球上画上五角星。
8. 最后，快速地勾出每个气球与细线的连接处，图案就形成了。

可爱的拐杖

原料
意式浓缩咖啡 60 毫升，牛奶泡、薄荷叶各适量

工具
咖啡勺 1 把，竹签 1 支

做法
1. 将装有意式浓缩咖啡的咖啡杯小幅度地倾斜，拉花缸缸嘴贴近咖啡杯，牛奶泡匀速注入咖啡杯中。
2. 在原注点加大牛奶泡的注入量，放平咖啡杯，待牛奶泡和咖啡融合至满杯时，收掉牛奶泡。
3. 用咖啡勺取适量的牛奶泡在液面拉出图案。
4. 竹签蘸取咖啡，在牛奶泡上画出纹路。
5. 将咖啡杯放在桌上，竹签蘸取牛奶泡，在液面上画上点。
6. 将薄荷叶装饰在液体表面即可。

双生花

原料

意式浓缩咖啡 30 毫升，牛奶泡、巧克力酱各适量

工具

竹签 1 支

做法

1. 牛奶泡倒入装有意式浓缩咖啡的咖啡杯内。
2. 抬高拉花缸，使牛奶泡沉入杯底。
3. 注入点不变，稍稍放缓牛奶泡的注入速度，至满杯。
4. 将杯放在桌上，从拉花缸倒出两滴牛奶泡，并排在液面上。
5. 用巧克力酱在牛奶泡边缘画上圈。
6. 用竹签在一滴牛奶泡上向外拉出几朵花瓣。
7. 再在中心点卷出漩涡状的纹理。
8. 再如法炮制第二滴牛奶泡即可。

意象

原料
意式浓缩咖啡 30 毫升，牛奶泡适量

工具
竹签 1 支，咖啡勺 1 把

做法
1. 将装有意式浓缩咖啡的咖啡杯倾斜约 15 度，拉花缸和咖啡杯距离 15~20 厘米高度，从边缘开始匀速注入牛奶泡。
2. 沿咖啡杯边缘向中心推进，继续注入牛奶泡至满杯，放平咖啡杯。
3. 用咖啡勺从拉花缸中取牛奶泡点于咖啡上，抹平。
4. 用竹签画出心形图案，再画出叶子。
5. 在牛奶泡边缘向内侧勾出回纹状图案。
6. 向外侧勾勒回纹状图案。
7. 在心形图案上均匀涂上咖啡，以心形下方为基点，延伸线条至咖啡杯边缘即可。

午后心情

原料
意式浓缩咖啡 30 毫升，牛奶泡适量

工具
竹签 1 支，咖啡勺 1 把

做法
1. 将装有意式浓缩咖啡的咖啡杯微微倾斜，拉花缸贴近咖啡杯边缘，注入牛奶泡，注入点为咖啡液体中心，注入时可上下回旋。
2. 慢慢拉高拉花缸高度，咖啡杯逐渐放平，牛奶泡保持匀速注入。
3. 继续大力注入牛奶泡，至五分满时，放平咖啡杯；继续注入牛奶泡至满杯。
4. 用咖啡勺在拉花缸中舀取牛奶泡，点于咖啡液的一侧。
5. 将竹签从所有牛奶泡中央划过，让牛奶泡形成连贯的图案。
6. 取牛奶泡于咖啡液的另一侧勾勒图案即可。

法式浪漫

原料

意式浓缩咖啡 30 毫升，牛奶泡、巧克力酱各适量

工具

温度计 1 支，咖啡勺 1 把

做法

1. 咖啡杯盛入意式浓缩咖啡，拉花缸盛入适量牛奶泡。
2. 拉花缸紧贴咖啡杯边缘，注入牛奶泡。
3. 缸嘴缓缓下压，匀速注入牛奶泡至满杯，让牛奶泡全部沉入咖啡底部。
4. 用牛奶泡将咖啡液涂至全白。
5. 用巧克力酱画出花的轮廓，用温度计在巧克力酱上画出波浪线。
6. 这一款花枝的形态，枝蔓柔软，如法式的浪漫多情。

咖啡物语

可以用其他果酱在空白处上色。

嫣语

原料
意式浓缩咖啡 30 毫升，牛奶泡适量

工具
竹签 1 支

做法
1. 将装有意式浓缩咖啡的咖啡杯倾斜 15 度，拉花缸距离咖啡杯 10 厘米左右，缓缓注入牛奶泡。
2. 拉花缸向前推，持续注入牛奶泡。
3. 缸嘴下压，注入牛奶泡至杯满。
4. 用竹签蘸取牛奶泡，勾勒图案。
5. 画出花瓣形态。
6. 画斜线，展现枝条形态。
7. 用牛奶泡点上小圆点。
8. 透着小清新特色的图案就完工了。

莲花

原料
意式浓缩咖啡 60 毫升，牛奶泡适量

工具
咖啡勺 1 把，温度计 1 支

做法
1. 将牛奶泡徐徐注入装有意式浓缩咖啡的咖啡杯的中心处。
2. 加大牛奶泡的注入量，开始晃动缸嘴向前推动。
3. 形成波纹后，缸嘴上翘。
4. 改变注入点，轻微左右晃动缸嘴。
5. 图案形成后，向前一拉收掉牛奶泡。
6. 将咖啡杯放在桌上。
7. 用咖啡勺将牛奶泡舀在液面的一侧。
8. 用温度计尖端划过白色小圆点，形成串心即可。

相思叶

原料
意式浓缩咖啡 30 毫升，牛奶泡、巧克力粉各适量

工具
撒粉器 1 个

做法
1. 将装有意式浓缩咖啡的咖啡杯放置在桌上，用撒粉器撒入巧克力粉。
2. 咖啡杯倾斜 15 度，选好中心点注入牛奶泡。
3. 上下移动拉花缸注入牛奶泡，转移注入点到液面左上角，增大拉花缸缸嘴的摆动幅度，此时牛奶泡呈现条纹状。
4. 将拉花缸慢慢往回收并减小缸嘴的摆动力度，与此同时慢慢放平咖啡杯。
5. 缸嘴上翘并向前迅速移动拉花缸，并缩小牛奶泡的流量至满杯。
6. 一片灵动的叶子就飞舞起来了。

咖 啡 物 语
此款咖啡的技法是初学者通往大师的捷径。

星光好莱坞

原料
意式浓缩咖啡 30 毫升，牛奶泡、巧克力酱各
适量

工具
温度计 1 支

做法
1. 将意式浓缩咖啡倒入咖啡杯中，拉花缸距离咖啡杯 15 厘米左右，注入牛奶泡。
2. 注入点固定在咖啡中心，持续匀速注入。
3. 注入至满杯。
4. 用牛奶泡画出横线。
5. 用牛奶泡在咖啡液上画出"十"字形。
6. 用巧克力酱在牛奶泡的夹角中淋出"十"字形。
7. 用温度计在巧克力酱上画出水波纹图案。
8. 完成后的咖啡，在光线的折射下，熠熠生辉，恍若好莱坞的星光灿烂。

放飞梦想

原料
意式浓缩咖啡 30 毫升，牛奶泡、巧克力粉各
适量

工具
撒粉器 1 个，竹签 1 支

做法
1. 牛奶泡注入装有意式浓缩咖啡的咖啡杯中。
2. 降低拉花缸倒入牛奶泡，使杯中呈现白点。
3. 保持原注点，持续注入牛奶泡至满杯。
4. 在液面上均匀地撒上巧克力粉，用牛奶泡涂抹一个内环圆圈，最后用竹签开始作画。
5. 画好"风筝"形状，再在风筝线的右侧画上"雪花"形状。
6. 用竹签蘸取咖啡，在风筝线的左侧画上"月牙"形状，在奶油上点上几朵雪花。
7. 最后在左下角画上梅花瓣作为修饰，"梦想"就可以扬帆起航了。

邂逅

原料

意式浓缩咖啡 60 毫升，牛奶泡、巧克力粉、巧克力酱各适量

工具

竹签 1 支，撒粉器、裱花模具（牵牛花形）各 1 个

做法

1. 将牛奶泡从装有意式浓缩咖啡的咖啡杯的边缘处倒入。

2. 移动拉花缸到咖啡杯的中心处倒入牛奶泡，至白色占满咖啡杯。

3. 将模具贴着咖啡杯放置，再取撒粉器均匀地撒上巧克力粉。

4. 待牵牛花的图像出现后静置 20 秒钟。

5. 将巧克力酱沿曲线挤在咖啡杯的左侧。

6. 取竹签轻轻划上一道弧形，图案就十分美丽了。

七彩梦

原料
意式浓缩咖啡 30 毫升，草莓果露、苹果果露、牛奶泡各适量

工具
竹签 1 支

做法
1. 将牛奶泡徐徐倒入装有意式浓缩咖啡的咖啡杯中至七分满。
2. 注入点移至咖啡杯的中心点前方处，缸嘴开始左右晃动形成弧形图案线条。
3. 当弧形图案线条以水波纹方式向外推动时，缸嘴边晃动边向后移动。
4. 缸嘴移动至杯缘处，迅速翘起缸嘴，收掉牛奶泡。
5. 用竹签蘸取草莓果露、苹果果露在树上点上彩灯。
6. 最后，画上树干，图案就完成了。

贝壳

原料
意式浓缩咖啡 30 毫升，牛奶泡适量

工具
温度计 1 支

做法
1. 将牛奶泡匀速倒入装有意式浓缩咖啡的咖啡杯中，至液面出现白色圆圈。
2. 抬高拉花缸，改变注入点，注入牛奶泡至出现另一个圆圈。
3. 在咖啡杯的中心处加大牛奶泡的注入量。
4. 待液面出现大面积的牛奶泡痕迹时，收掉牛奶泡。
5. 用温度计从牛奶泡一边的边缘向下带动。
6. 继续划动温度计，将牛奶泡分为八份，图案就形成了。

神秘十字

原料

意式浓缩咖啡 60 毫升，牛奶泡、巧克力酱各适量

工具

咖啡勺 1 把，竹签 1 支

做法

1. 将牛奶泡徐徐注入装有意式浓缩咖啡的咖啡杯中。
2. 注入点保持不变，加大牛奶泡的注入量。
3. 将拉花缸的缸嘴渐渐上翘，至九分满。
4. 用咖啡勺舀出牛奶泡，并在液面上拉出两条垂直的直线。
5. 用巧克力酱描上花边。
6. 最后用竹签由内至外画出螺纹状，这份咖啡就制作完成了。

咖啡物语

描边的酱料可根据个人喜好来选择。

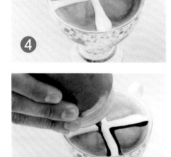

伊莎贝尔

原料

意式浓缩咖啡 30 毫升，牛奶泡、巧克力粉各适量

工具

撒粉器、裱花模具（蝴蝶形）各 1 个

做法

1. 将拉花缸贴近装有意式浓缩咖啡的咖啡杯，注入牛奶泡。
2. 加大力度注入牛奶泡，使牛奶泡呈螺旋状。
3. 左右晃动缸嘴，让牛奶泡呈波浪形。
4. 缸嘴微微上翘，注入点向咖啡中心推进，注入牛奶泡至杯满。
5. 取蝴蝶形模具放在咖啡杯上方。
6. 晃动撒粉器在模具上撒巧克力粉，形成图案，稍加修饰即可。

隐形的翅膀

原料

意式浓缩咖啡 30 毫升，牛奶泡适量

工具

竹签 1 支，咖啡勺 1 把

做法

1. 将牛奶泡徐徐注入装有意式浓缩咖啡的咖啡杯中，稍微抬高拉花缸，让牛奶泡慢慢地涌现在杯的边缘处。
2. 当液面中心形成不规则的褐色圈时，慢慢放低拉花缸，持续注入牛奶泡至满杯。
3. 咖啡勺舀出适量的牛奶泡，滴在咖啡上，用竹签拉出翅膀上羽毛的层次与密度。
4. 竹签蘸取少许咖啡，在翅膀上卷出旋涡状的图案。
5. 再将竹签蘸取牛奶泡，在翅膀的下方处画上心形。
6. 用牛奶泡将"心"的中心填实即可。

太阳雨

原料

意式浓缩咖啡 30 毫升，牛奶泡适量

工具

竹签 1 支

做法

1. 将装有意式浓缩咖啡的咖啡杯倾斜 20 度，拉花缸缸嘴靠近咖啡液体的边缘缓缓注入牛奶泡。

2. 加大牛奶泡的注入量并开始晃动缸嘴，慢慢向后晃动，注入量不变。

3. 缸嘴继续晃动至牛奶泡靠近咖啡液体边缘。

4. 将咖啡杯摆放在桌上。

5. 用竹签蘸取咖啡，在牛奶泡上画出小房子，再画出几棵树和嘴巴。

6. 最后，画上眼睛和雨滴，图案就形成了。

咖 啡 物 语

咖啡杯倾斜的角度不能太大，否则很难拉出图案。

锁住浪漫

原料
意式浓缩咖啡 30 毫升，牛奶泡适量

工具
咖啡勺 1 把，竹签 1 支

做法
1. 在装有意式浓缩咖啡的咖啡杯中缓缓注入牛奶泡。
2. 保持注入点不变，持续注入至四分满。
3. 慢慢减少牛奶泡的注入量至满杯。
4. 用咖啡勺舀出牛奶泡，滴在液面上形成钥匙的形状。
5. 竹签蘸取适量的咖啡，画出钥匙的齿痕。
6. 再拉出钥匙的纹路。
7. 再用咖啡勺滴上少许牛奶泡。
8. 擦净竹签，从牛奶泡的中心由上往下轻轻一拉，这把钥匙便锁住真爱了！

节节高

原料
意式浓缩咖啡 30 毫升，牛奶泡适量

工具
竹签 1 支

做法
1. 将装有意式浓缩咖啡的咖啡杯倾斜，拉花缸距离咖啡杯 10 厘米左右，注入牛奶泡。
2. 缸嘴下压，持续注入牛奶泡。
3. 拉花缸前推，保持匀速注入。
4. 拉花缸后拉，注入牛奶泡至满杯。
5. 用竹签画出一侧的弧线。
6. 画出另一条弧线。
7. 用牛奶泡点上小圆点。
8. 简单唯美的图案就完成了。

云树

原料

意式浓缩咖啡 30 毫升，牛奶泡适量

工具

竹签 1 支

做法

1. 将装有意式浓缩咖啡的咖啡杯稍倾斜，徐徐注入牛奶泡。
2. 降低拉花缸的高度至牛奶泡在杯内形成白色大圈。
3. 保持原注点，增大牛奶泡的流量至八分满。
4. 将咖啡杯放在桌上，用竹签蘸取咖啡，轻轻地在牛奶泡上画出树叶和树干。
5. 如法炮制出另一棵树，再画上云朵。
6. 最后画上小草，就完成这幅"云树"图了。

咖啡物语

这款咖啡制作简单，但口味很地道。

祈祷的少女

原料

意式浓缩咖啡 30 毫升，牛奶泡适量

工具

画笔 1 支

做法

1. 将装有意式浓缩咖啡的咖啡杯约倾斜 20 度，拉花缸贴近咖啡杯，注入牛奶泡。
2. 持续注入牛奶泡，咖啡杯倾斜的角度慢慢减小。
3. 牛奶泡注入至六分满时，缸嘴开始左右晃动，使圆形图案线条产生。
4. 咖啡杯逐渐放平，缸嘴晃动幅度开始减小。
5. 杯满时，迅速收住牛奶泡，使图案成形。
6. 用画笔在图案上方加以简单修饰。
7. 将画笔蘸取咖啡修饰图案下方。
8. 充满诗意的图案便完成了。

稻草人

原料

意式浓缩咖啡 30 毫升，牛奶泡、巧克力粉各适量

工具

撒粉器 1 个，竹签 1 支，咖啡勺 1 把

做法

1. 从装有意式浓缩咖啡的咖啡杯的边缘处注入牛奶泡至八分满。
2. 放平咖啡杯，继续注入牛奶泡至杯满。
3. 取撒粉器在液面上均匀地撒上巧克力粉。
4. 用咖啡勺舀取牛奶泡，在杯中均匀抹上白圆圈。
5. 取竹签蘸取咖啡在牛奶泡上作画。
6. 先画出"稻草人"的帽子和头部。
7. 再画上衣领。
8. 可爱的"稻草人"就出现了。

沉睡的女郎

原料
意式浓缩咖啡 30 毫升，牛奶泡、巧克力粉各适量

工具
竹签 1 支

做法

1. 将装有意式浓缩咖啡的咖啡杯倾斜 10 度，缓缓注入牛奶泡。
2. 拉花缸缸嘴下沉，涌出椭圆形的牛奶泡圈。
3. 向前移动缸嘴，保持均匀的牛奶泡注入量，待椭圆形伸展至杯的边缘时，向后快速拉动缸嘴并轻微晃动，至九分满。
4. 慢慢放平咖啡杯，注满后放在桌上，用竹签蘸取牛奶泡勾出女郎的侧脸轮廓。
5. 再轻轻地画上飘逸的秀发，点上眼睛、睫毛和嘴巴，再用竹签修饰女郎的后颈。
6. 最后写上英文，女郎就可以进入梦乡了。

顽皮的笑脸

原料
意式浓缩咖啡 30 毫升，牛奶泡适量

工具
竹签 1 支，咖啡勺 1 把

做法

1. 将牛奶泡从装有意式浓缩咖啡的咖啡杯的中心点缓缓注入。
2. 待杯中出现堆积的牛奶泡痕迹时，向后慢慢拉动拉花缸。
3. 注入点不变，慢慢减少牛奶泡的注入量。
4. 将咖啡杯放置于桌上，用咖啡勺舀出牛奶泡并淋在液面上。
5. 待牛奶泡晕开呈圆形。
6. 用竹签蘸取咖啡，画出两只俏皮的眼睛。
7. 再轻轻勾出鼻子和嘴巴。
8. 最后画上大门牙，顽皮的笑脸就出现了。

射手座

原料

意式浓缩咖啡 30 毫升，牛奶泡、巧克力粉各适量

工具

竹签 1 支，撒粉器 1 个，裱花模具（弓箭形）1 个，咖啡勺 1 把

做法

1. 将装有意式浓缩咖啡的咖啡杯约倾斜 25 度，拉花缸贴近咖啡杯边缘，注入牛奶泡。
2. 加大注入的力度，注入牛奶泡至杯满。
3. 用咖啡勺舀取适量牛奶泡铺于咖啡液上。
4. 用咖啡勺将牛奶泡抹平。
5. 取弓箭形模具置于咖啡杯上方，在模具上撒巧克力粉，形成图案。
6. 再用竹签在牛奶泡周围勾勒出回纹状图案即可。

咖啡物语

边缘处的细致勾花让这款咖啡看起来更精致。

摩登女郎

原料
意式浓缩咖啡 30 毫升，牛奶泡适量

工具
竹签 1 支

做法
1. 将牛奶泡从装有意式浓缩咖啡的咖啡杯中心点缓缓注入。
2. 加大牛奶泡的流量，在原注点继续注入。
3. 待咖啡和牛奶泡融合至九分满时，液面出现白点。
4. 取竹签蘸取咖啡，画出眉毛、眼睛、睫毛、鼻子和嘴巴。
5. 用竹签拉出蓬松的头发。
6. 最后，摆放上装饰品，图案就形成了。

咖啡物语
　　用竹签画脸部表情时，力度要小。

县太爷

原料

意式浓缩咖啡 30 毫升，牛奶泡适量

工具

温度计 1 支，竹签 1 支

做法

1. 将装有意式浓缩咖啡的咖啡杯倾斜 25 度，与拉花缸贴近，从咖啡杯的中心点注入牛奶泡。
2. 流量加大，继续注入牛奶泡，咖啡杯向水平方向倾斜。
3. 缸嘴左右摆动，使液面形成图案。
4. 用温度计蘸取咖啡，画出嘴巴。
5. 沿牛奶泡边缘画出帽子。
6. 再画上眉毛、眼睛和鼻子。
7. 取竹签蘸取咖啡，画出县太爷的胡子。
8. 最后，再用牛奶泡修饰一下官帽，县太爷的图案就形成了。

嘟嘴的女孩

原料

意式浓缩咖啡 30 毫升，牛奶泡适量

工具

竹签 1 支

做法

1. 将装有意式浓缩咖啡的咖啡杯微微倾斜，缓缓注入牛奶泡。
2. 牛奶泡浮现后增大牛奶泡的注入量。
3. 放低拉花缸使牛奶泡呈弧形晕开。
4. 慢慢拉回拉花缸至液面边缘处，迅速收住牛奶泡。
5. 取来蘸好咖啡的竹签，在牛奶泡上画出一双大眼睛，再画上嘟着的嘴巴。
6. 呈现女孩的脸形后，清理竹签，蘸上颜色较重的咖啡。
7. 最后拉出女孩的刘海，图案就形成了。

清纯少女

原料
意式浓缩咖啡 30 毫升，牛奶泡适量

工具
竹签 1 支

做法
1. 将装有意式浓缩咖啡的咖啡杯微微倾斜，将牛奶泡在液面的上游处徐徐注入。
2. 渐渐将拉花缸拉回到液面下游，同时慢慢放平咖啡杯。
3. 这时要轻微地晃动缸嘴，使牛奶泡分层地涌出液面。
4. 保持缸嘴的动作，加大牛奶泡的流量至九分满，再往前推动拉花缸并上翘缸嘴。
5. 在牛奶泡上选择适当的位置画出一只眼睛。
6. 再画上鼻子和嘴巴，最后勾出另一只闭着的眼睛和睫毛，就完成这款咖啡了。

咖 啡 物 语
选择香味浓郁并伴有水果味的蓝山咖啡豆为佳。

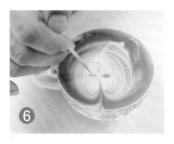

樱桃爷爷

原料
意式浓缩咖啡 30 毫升，牛奶泡适量

工具
竹签 1 支

做法
1. 将牛奶泡慢慢注入装有意式浓缩咖啡的咖啡杯中。
2. 稍稍降低拉花缸的缸嘴，此时出现椭圆形的牛奶泡。
3. 放低拉花缸，轻轻晃动缸嘴拉出长条形的牛奶泡。
4. 将咖啡杯放在桌上，用蘸取咖啡的竹签点出眼睛。
5. 再点上嘴角。
6. 最后用竹签蘸取牛奶泡，修饰出"樱桃爷爷"的模样就可以了。

迷路的小孩

原料
意式浓缩咖啡 30 毫升，牛奶泡适量

工具
竹签 1 支

做法
1. 将装有意式浓缩咖啡的咖啡杯大幅度地倾斜，拉花缸靠近咖啡液体的边缘匀速注入牛奶泡。
2. 缸嘴从液体的边缘移至咖啡杯中心，加大牛奶泡的注入量。
3. 移动缸嘴的同时抖动缸嘴，形成纹路。
4. 杯满后缸嘴上翘，收住牛奶泡。
5. 用竹签蘸取咖啡画出嘴、眼睛、刘海。
6. 用竹签蘸取牛奶泡在头部画上一朵小花，图案就形成了。

幸福

原料
意式浓缩咖啡 30 毫升，牛奶泡、巧克力粉各适量

工具
撒粉器 1 个，咖啡勺 1 把，竹签 1 支

做法

1. 将牛奶泡倒入装有意式浓缩咖啡的咖啡杯，成任意形状。
2. 慢慢减少牛奶泡的注入量至杯满。
3. 咖啡杯放在桌上，在其表面用撒粉器均匀地撒上巧克力粉。
4. 用咖啡勺舀出牛奶泡在杯中铺成圆形。
5. 将竹签蘸取少许咖啡，准备画画。
6. 在牛奶泡的左上角画出一幅"盆景"图。
7. 在下方轻轻地描上英文字母。
8. 最后"幸福"便完成了。

星光点点

原料
意式浓缩咖啡 60 毫升，牛奶泡、抹茶粉各适量

工具
撒粉器、裱花模具（星形）各 1 个

做法

1. 将牛奶泡从装有意式浓缩咖啡的咖啡杯的右侧徐徐倒入。
2. 移动拉花缸至咖啡杯的左侧。
3. 着重倾入牛奶泡至五分满。
4. 将拉花缸转到咖啡杯的中心点，缓缓倾入牛奶泡至液面全白。
5. 将模具放置在咖啡杯上方处，再取撒粉器均匀地撒出抹茶粉，星光点点的图案就呈现出来了。